计算机类专业系列教材

“C”位出道——程序设计基础

刘 扬 李丽平 张 伟 主编
刘红艳 郭春雷 赵 滨 唐 磊 副主编

電子工業出版社
Publishing House of Electronics Industry
北京 • BEIJING

内 容 简 介

本书以C语言为载体，针对程序设计初学者，用严谨且通俗易懂的语言，深入浅出、循序渐进地介绍了C语言的语法及程序设计的思想与技巧。C语言是程序设计中使用最广泛的语言之一，以其功能丰富、使用灵活、应用面广、目标程序效率高等优点，长期位居计算机语言排行榜前列。

全书分为10章，主要包括以下内容：C语言概述、数据类型、常量与变量、运算符、三种控制结构、数组、函数、指针、结构体和共用体、文件。重要的章节都为读者提供了大量学以致用的实例，有利于读者形成程序设计的基本思想，掌握程序设计的方法，提高解决具体问题的能力。

本书适合作为高职院校计算机相关专业学生的教材，也可作为自学C语言程序设计的参考用书。

图书在版编目（CIP）数据

"C"位出道：程序设计基础 / 刘扬，李丽平，张伟主编. —北京：电子工业出版社，2021.8
ISBN 978-7-121-41549-4

Ⅰ. ①C… Ⅱ. ①刘… ②李… ③张… Ⅲ. ①程序设计－高等职业教育－教材 Ⅳ. ①TP311.1

中国版本图书馆 CIP 数据核字（2021）第 135919 号

责任编辑：康　静
印　　刷：北京七彩京通数码快印有限公司
装　　订：北京七彩京通数码快印有限公司
出版发行：电子工业出版社
　　　　　北京市海淀区万寿路 173 信箱　邮编 100036
开　　本：787×1092　1/16　印张：16.75　字数：428.8 千字
版　　次：2021 年 8 月第 1 版
印　　次：2024 年 9 月第 8 次印刷
定　　价：49.80 元

凡所购买电子工业出版社图书有缺损问题，请向购买书店调换。若书店售缺，请与本社发行部联系，联系及邮购电话：（010）88254888，88258888。

质量投诉请发邮件至 zlts@phei.com.cn，盗版侵权举报请发邮件至 dbqq@phei.com.cn。

本书咨询联系方式：（010）88254609，hzh@phei.com.cn。

前　言

程序设计基础是高职院校计算机相关专业重要的基础课程。本书以 C 语言为载体，介绍程序设计的基本思想和方法，以提高读者解决具体问题的能力。

C 语言是经典的程序设计语言之一，长期位居计算机语言排行榜前列。C 语言是一门面向过程的计算机编程语言。当前阶段，在编程领域，运用 C 语言的地方非常多，它兼顾了高级语言和汇编语言的优点，相较于其他编程语言具有较大优势。C 语言拥有经过了漫长发展历史的完整的理论体系，在编程语言中具有举足轻重的地位。

程序课程介绍

本书内容充实全面，每章除基本知识外，还提供了大量“学以致用”的案例，帮助读者总结提高的“我们学到了什么”，让读者“牛刀小试”的练习题。另外，扫描书中二维码即可观看微课视频讲解，帮助读者随时随地全方位学习，书中所有实例均在 Visual C++6.0 环境下运行通过。本书还结合在线课程资源，构建了线上线下共同学习的教材形态，读者可登录中国大学 MOOC 网站（https://www.icourse163.org）搜索“程序设计基础”课程，找到由河北软件职业技术学院刘扬主持的在线课程即可登录学习。本在线课程视频生动有趣，教师讲解深入浅出，包含大量课后练习与考试，已获得省级精品在线课程称号。“程序设计基础”在线课程每个学期均开课，每期在线学习人数上千人，欢迎大家选课学习。此外，如果教师需要，本书也提供 PPT、练习题参考答案、例题源码等资源。

本书编写团队中，学校老师具有多年从事程序设计语言及计算机相关课程的教学经验并多次参加教材编写，企业老师具有丰富的项目开发经验。全书力求概念叙述准确、语言简练、条理清晰，注重培养读者程序设计的基本思想，提高解决实际问题的能力，并养成良好的程序设计风格和习惯。参与本教材编写的单位有河北软件职业技术学院、石家庄信息工程职业学院、东方瑞通（北京）咨询服务有限公司，全书共分为 10 章，其中第 1 章由刘扬编写，第 2、6 章由赵滨编写，第 3、4 章由刘红艳编写，第 5 章由佟磊编写，第 7 章由李丽平编写，第 8，10 章由郭春雷编写，第 9 章由丁宏伟编写，书内代码全部由东方瑞通高级讲师张伟团队完成，课后习题由唐磊团队完成，并经课程组讨论审核通过。全书由刘扬、李丽平统稿，由李丽平审稿。

由于编者水平有限，书中难免存在疏漏和不足之处，恳请读者批评指正。

编　者

2021 年 4 月

目　录

第 1 章　从 C 开始的编程之路——概述

引　入

小时候，父母教我们说话，也教我们如何理解别人讲的话的意思。经过长时间的熏陶和自我学习，我们学会了与别人沟通和交流。通过有固定格式和固定词汇的“语言”来控制他人，让他人为我们做事情。语言有很多种，包括汉语、英语、法语等，虽然词汇和格式都不一样，但是可以达到同样的目的，我们可以选择任意一种语言与别人交流。

同样，我们也可以通过“语言”来控制计算机，让计算机为我们做事情，这样的语言就叫作编程语言（Programming Language）。

C 语言是学习编程的第一门语言，很少有不了解 C 语言的程序员，说 C 语言是现代编程语言的开山鼻祖毫不夸张，可以说它改变了编程世界。与 Java、C++、Python、C#、JavaScript 等高级编程语言相比，C 语言涉及的编程概念少，附带的标准库小，整体比较简洁，容易学习，非常适合初学者入门。

本章主要知识点

◎ C 语言的发展历史。
◎ C 语言的特点和用途。
◎ C 语言程序的基本结构。
◎ C 语言程序的开发流程。
◎ 算法及其流程图表示。

本章难点

◎ C 语言的基本结构。
◎ 算法及其流程图表示。

1.1　初识 C 语言

初识 C 语言

1.1.1　计算机语言的发展

计算机语言，英文名为“Computer Language”或者“Programming Language”，指的是人与计算机进行交互的语言，就如同学习外语一样，语言只是一种人与人交流的工具。

我们与计算机交流的主要是编程思想，将人类的思想以计算机能识别的语言赋予它，就形成了程序。

而解决各种问题的方法就是向计算机发送指令，对于通信的双方而言，指令的格式、组成字符、数据、语法等一系列的标准就很重要了。我们学习的就是这一系列标准，从而将自己的思想赋予计算机，让计算机智能化、自动化地为我们服务。随着这一思想的不断演化发展，就逐步形成了一种新的语言——计算机语言。

1946 年，在宾夕法尼亚大学的莫克利（John W. Mauchly）和艾克特（J. Presper Eckert）发明了世界上第一台通用计算机，命名为“ENIAC”，如图 1-1 所示。美国国防部用它来进行弹道计算。当时的 CPU 没有晶体管，科学家只能用 18000 个真空电子管来代替，它的体重达 30 吨。那时候的程序员必须手动控制计算机，当时唯一想到利用程序设计语言来解决问题的人是德国工程师楚泽（Konrad Zuse）。

(a)

(b)

图 1-1　世界上第一台计算机 ENIAC

计算机是由一系列硬件构成的具有强大功能的一个综合体，它只能识别 0 和 1，我们称其为逻辑运算。所以，最初的计算机语言是二进制的机器语言，由于太难理解与记忆，人们就定义了一系列的助记符帮助理解与记忆，就逐渐产生了汇编语言。但是汇编语言还是不好理解与记忆，与人类的语言比较起来还是难以理解，于是就逐渐发展出人类更容易理解的高级语言。随着 C、Fortran 等结构化高级语言的诞生，程序员可以离开机器层面，通过更加抽象的层次来表达自己的思想，同时也诞生了三种重要的控制结构，即顺序结构、选择结构、循环结构，以及一些基本数据类型，这些都能够让程序员以接近问题本质的方式去描述、抽象问题。但随着需要处理的问题的规模不断扩大，一般的程序设计模型已无法克服随着代码的增加而级数般地增长的问题，这个时候就出现了一种新的程序设计方式和程序设计模型，也就是面向对象的程序设计思想，同时也诞生了一批支持这种设计模型的计算机语言，例如 C++、Java、Python 等。

简而言之，计算机语言从最初的机器语言（二进制），发展到使用助记符的汇编语言，再到更容易理解的高级语言，包括 C、C++、Java、C#、Python 等。计算机程序的设计模型从结构化的编程，发展到面向对象的编程。计算机只能识别二进制语言，那么很明显在其他计算机语言与机器语言之间就有着一个桥梁，起着翻译一样的功能，使得通信双方能够交流，而这个翻译官就是编译器。而由于编译的原理不一样，计算机语言分为编译性语言（如C、C++）和解释性语言（如Shell、Python）。计算机语言的分类如图1-2所示。

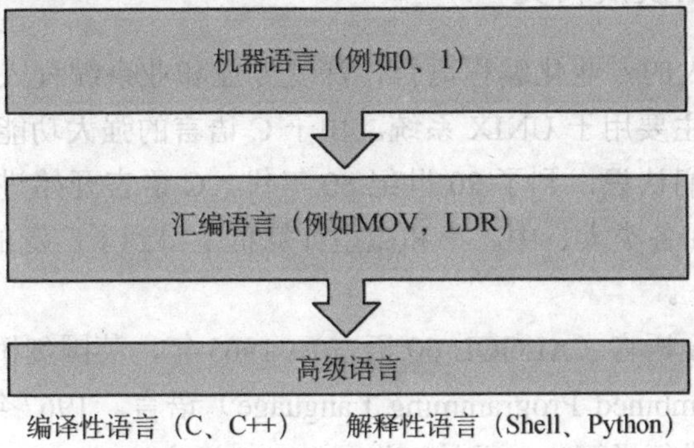

图1-2　计算机语言的分类

第一代计算机编程语言就是机器语言，即由0、1组成的代码，人们通过0、1与计算机进行交互，这样的编程实在太难，对于大多数人来说都是十分困难的。随着时代的发展，第一代计算机编程语言就逐步演化成了第二代计算机语言。不过这是计算机的基础，因为计算机硬件只能识别二进制语言0、1，无论后面的计算机语言如何发展，最后在计算机内能够执行的只能是0、1的二进制编码。

第二代计算机编程语言是汇编语言，汇编语言的出现主要是由于第一代计算机语言的学习难度系数极高。所以我们就发展出使用一些助记符来帮助人们编程的方法，使人们与计算机进行交流沟通时更便捷一些，学习起编程来也比较容易，最后再由编译器翻译为0、1代码，这样计算机就能识别了。但是随着信息技术的不断发展，汇编语言已经不能满足大部分人们的需求了，于是就催生出了第三代计算机编程语言。

第三代计算机编程语言就是大家熟知的一些高级语言。计算机高级语言的发展分为两个阶段：以1980年为分界线，前一阶段属于结构化语言或者称为面向过程的语言；后一阶段属于面向对象的语言。

面向过程的语言中最经典、最重要的就是C语言。Fortran、Basic和Pascal语言基本上已经很少有人使用了，但是C语言一直在被使用，因为C语言是计算机领域最重要的一门语言，其在Linux编程和嵌入式编程中占据极重要的地位，C语言甚至可以构造其他的语言，比如Python语言就是由C语言编写的。

从20世纪80年代开始又产生了另外一种以“面向对象”为思想的语言，其中最重要、最复杂的就是C++语言。C++语言从易用性和安全性两个方面对C语言进行了升级。C++语言是一种较复杂、难学的语言，但是一旦学会了则非常有用。因为C++语言太复杂，所以后来人们就对C++进行了改造，产生了两种语言，一种是Java，另一种是C#。Java语言是现在最流行的语言之一。C#则是微软公司鉴于Java很流行而写的一个与Java语法相似的语言。因为Java和C#几乎是一模一样的，所以你只需要学习其中的一种语言就可以了。

近年来，随着人工智能、大数据、云计算技术的迅猛发展，Python、R、Scala 语言也逐渐成为极其重要的编程语言，尤其是 Python 语言的发展最为迅猛，逐渐成为当今的主流编程语言。

1.1.2 C 语言的发展简史

C 语言的昨天、今天和明天

C 语言是一种强大的专业化编程语言，深受专业和业余编程人员的喜爱。早期的 C 语言主要用于 UNIX 系统。由于 C 语言的强大功能和各方面的优点逐渐被人们认识，到了 20 世纪 80 年代，C 语言开始进入其他操作系统，并很快在各类大、中、小和微型计算机上得到了广泛的使用，成为当代最优秀的程序设计语言之一。

C 语言的原型是 A 语言（ALGOL 60 语言）。1963 年，英国剑桥大学将 ALGOL 60 语言发展成为 CPL（Combined Programming Language）语言。1967 年，剑桥大学的 Matin Richards 对 CPL 语言进行了简化，于是产生了 BCPL 语言。

1969 年，美国贝尔实验室的 Ken Thompson 将 BCPL 语言进行了修改，提炼出它的精华，并为它起了一个有趣的名字"B 语言"，并且他用 B 语言写了第一个 UNIX 操作系统。

到了 1973 年，美国贝尔实验室的 D. M. Ritchie 在 B 语言的基础上最终设计出了一种新的语言，他取了 BCPL 的第二个字母作为这种语言的名字，这就是 C 语言。

为了推广 UNIX 操作系统，1977 年，D. M. Ritchie 发表了不依赖于具体机器系统的 C 语言编译文本《可移植的 C 语言编译程序》，即著名的 ANSI C。

1978 年，由 AT&T（美国电话电报公司）贝尔实验室正式发表了 C 语言。同时 Brian W. Kernighian 和 Dennis M. Ritchie 出版了著名的 *The C Programming Language* 一书。通常简称为 K&R，也有人称为 K&R 标准。但是，在 K&R 中并没有定义一个完整的标准 C 语言，后来由美国国家标准协会（American National Standards Institute，ANSI）在此基础上制定了一个 C 语言标准，于 1983 年发表，通常称为 ANSI C，从而使 C 语言成为目前世界上流行最广泛的高级程序设计语言。

通过图 1-3 可以一目了然地看到 C 语言的发展历史。

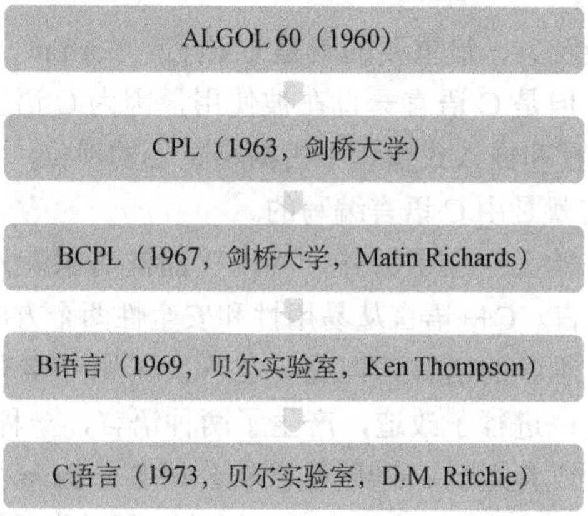

图 1-3　C 语言的发展史

1.1.3 C语言的特点及用途

C语言是一种融合了控制特性的现代语言，而我们已发现在计算机科学的理论和实践中，控制特性是很重要的。C语言的设计使得用户可以自然地采用自顶向下的规划，结构化地编程，以及模块化地设计。C语言的特性使得程序员编写出的程序更可靠、更易懂。

1. 高效性

C语言是一种高效的语言，在设计上，它充分利用了当前计算机在能力上的优点。C语言程序往往很紧凑且运行速度快。事实上，C语言可以表现出通常只有汇编语言才具有的精细控制能力（汇编语言是特定的CPU设计所采用的一组内部指令的助记符。不同的CPU类型使用不同的汇编语言）。如果愿意，你可以细调程序以获得最大速度或最大内存使用率。

2. 可移植性

C语言是一种可移植语言，也就是说，在一个操作系统上编写的C语言程序经过很少改动或不经修改就可以在其他操作系统上运行。如果修改是必要的，则通常只需改变头文件中的几项内容即可，而其他语言在这方面并不是都有这种优势，C语言可以说在可移植性方面是处于领先地位的。C语言编译器在大约40多种操作系统上可用，包括从使用8位微处理器的个人计算机到超级计算机。但是，程序中为访问特定硬件设备（例如显示器）或操作系统（如Windows XP或OS X）的特殊功能而专门编写的部分，通常是不能移植的。

由于C语言与UNIX紧密联系，UNIX系统通常都带有一个C语言编译器作为程序包的一部分，Linux操作系统中同样也包括一个C语言编译器。个人计算机，包括运行不同版本的Windows或Macintosh的PC，可使用若干种C语言编译器。所以，无论是家用计算机、专业工作站还是大型机，都很容易得到特定系统的C语言编译器。

3. 强大的功能和灵活性

C语言拥有强大的功能而又不失灵活性。例如，强大而灵活的UNIX操作系统的大部分便是用C语言编写的。其他语言（如Fortran、Perl、Python、Pascal、LISP、Logo和BASIC）的许多编译器和解释器也都是用C语言编写的。所以，可以想象的是，当你在一台UNIX机器上使用Fortran编程时，最终是由一个C语言程序负责生成最后的可执行程序的。

4. 面向编程人员

C语言能够充分考虑编程人员的需要，它允许编程人员访问硬件；可以操纵内存中的特定位置；它具有丰富的运算符供选择，让你能够简洁地表达自己的意图。在限制你所能做的事情方面，C语言不如Pascal这样的语言严格。C语言的这种灵活性是优点，同时也是一种危险。优点在于：许多任务（如转换数据形式）在C语言中实现起来都非常简单。危险在于：使用C语言时，你可能会犯在使用其他一些语言时不可能犯的错误。C语言给予你更多的自由，但同时也让你承担更大的风险。 除此以外，多数C语言程序的实现都有一个大型的库的支持，其中包含各种功能的C语言函数，这些函数能够帮助编程人员处理面对的许多项目需求。

从20世纪80年代开始，C语言在UNIX系统的小型机世界中已经是主导语言了，从那时开始，它已经扩展到个人计算机（微型机）和大型机，许多软件开发商都首选C语言来开发程序、电子表格软件、编译器和其他产品。

不管是Java、C++还是Python等其他较新的语言如何流行，C语言在软件产业中都占据极其重要的地位。而且C语言多年来也一直位列主流编程语言的前三甲，特别是在Linux系统和嵌入式系统的编程中，C语言一直占据主导地位。也就是说，在大家非常熟知的手机、汽车、照相机、智能产品等现代化设备的软件编程中，C语言的地位一直保持稳定，因此，在未来几十年当中，C语言的应用也将继续为程序员所认可。

图1-4是权威机构在2019年推出的世界计算机语言流行排行榜。

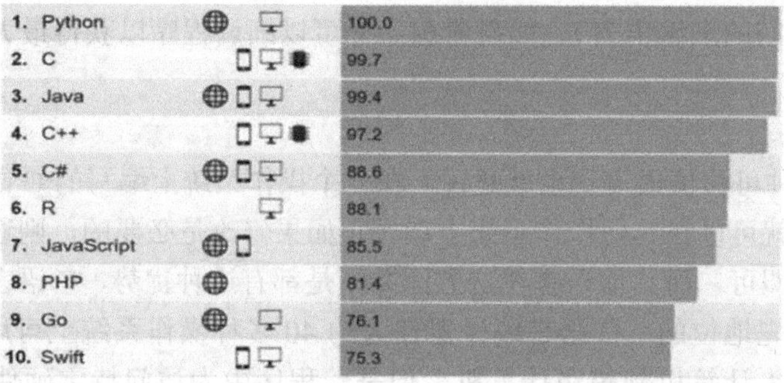

图1-4　2019年世界计算机语言流行排行榜

> ☆直通在线课
>
> “初识C语言”这部分内容在在线课中给大家提供了丰富多样的学习资料。

1.2　C语言程序的基本结构与开发流程

C语言基本结构与开发流程

1.2.1　C语言程序的基本结构

C语言程序到底长什么样子呢？为了说明C语言源程序结构的特点，先看下面的例题1-1所写的C语言程序。这个程序表现了C语言在组成结构上的特点。虽然有关内容还未介绍，但可从这个例子中了解到组成一个C语言程序的基本部分和书写格式。

例题1-1：第一个C语言程序。

```
#include <stdio.h>              /* 引入头文件 */
int main()                      /* 一个简单的C程序 */
{
    int number;                 /* 定义名字叫作number的变量 */
    number = 2020;                        /* 给number赋一个值 */
    printf("Hello, World! \n");   /* 调用printf()函数，打印字符串 */
    return 0;
}
```

这个简单的程序的作用是：在计算机屏幕上输入一句话，如果想看到实际的运行结果，需要使用编译器编译这段代码，然后运行最后的可执行程序，将看到运行结果为：

```
Hello, World!
```

本书讲解的C语言程序代码均采用 Visual C++ 6.0 集成开发环境进行编辑、编译、连接、执行等工作。

第一个C语言例题程序代码看完了，读者肯定有很多疑问，比如头文件、main、int、\n 都有什么用处？接下来，让我们来梳理一下C语言程序的基本结构和特点。

本书下面会出现 C89、C90、C99 之类的名字，这些符号是 ANSI（美国国家标准局）不同年份制定的不同国际标准，C99 就是 1999 年制定的，C90 就是 1990 年制定的，而 C89 就是 1989 年制定的。很显然 C99 要比 C89 新很多，主要体现在它支持了更多的数据类型和新特性。

1. 头文件

```
1   #include < stdio.h >  /* 包含另一个文件 */
```

本行代码将告诉编译器引入了一个名字叫 stdio.h 的文件的全部内容，通常我们把这个文件叫作“头文件”。在C语言的世界中，人们称出现在文件顶部的信息集合为头（header），C语言的实现通常都带有多个头文件。

大家可以想到，#include 后尖括号<>里的文件也可以是其他头文件，在今后的学习中，我们将会看到更多以#include 开头的代码，能看到更多的头文件名字，这也体现了C语言的一种设计思想，即可以方便地在多个程序间共享公用的信息。

#include 语句是C预处理器指令（Preprocessor Directive）的一个例子，这些是编译器在编译代码之前要做的准备工作，称为编译预处理（Preprocessing）。

stdio.h 文件是所有C语言编译器的标准部分，用来提供输入和输出的支持。那为什么C语言没有内置的输入/输出语句呢？答案是并非所有的程序都要用到 I/O（输入/输出）功能，并且C语言的一个基本的设计原则就是避免不必要的成分。而且#include 甚至不是C语言的标准语句。开头的“#”表明这一行是在编译器接手之前先由C预处理器处理的命令。以后我们将碰到更多预处理指令。

2. 主函数

```
2   int main() /* 主函数 */
```

C语言程序规定一个程序中可以有一个或多个函数，它们是C语言程序的基本模块。但必须有且只有一个 main 函数。这个函数就是C语言程序的基本模块。因为C语言程序的执行将从 main 函数开始，到 main 函数结束而停止。

如例题 1-1 所示，它只有一个名为 main 的函数，名字后面的圆括号()表明 main()是一个函数的名字，前面的 int 表示 main()这个函数在执行完成后返回一个整数（int 表示整数，即英文 integer 的缩写）。那要返回到哪里呢？其实最后是要返回给操作系统的。那为什么要有返回值呢？这个过程就像皇上交代大臣去办事，大臣办完事后总要复命，向皇上禀告，告诉皇上是成功了还是失败了。在这里，我们只需要把 int 看作是用来定义 main()函数的标准即可。

另外，您可能在一些教材或老的版本中，看到过 main 函数这样的写法：

main()

这种形式在C90标准中勉强被允许，在C99标准中是不被允许的。

还有这样的写法：

void main()

只有一些编译器允许这种形式，但还没有任何编译器考虑接受它，有的编译器还会报错。因此，我们建议您不要这样做。另一方面，坚持使用标准形式，我们也不必担心程序从一个编译环境移到另一个编译环境上时出错的问题。

3. 注释

```
/*一个简单的C程序*/
```

这不是代码，而是一句注释，符号"/*"和"*/"中包含的话不被编译器编译处理，而是给我们看的，帮助我们理解程序，你也可以认为它是笔记而已。

注意：包含在"/*""*/"之间的部分是程序注释。使用注释的目的是使人们（包括我们自己）更容易理解我们程序。C语言注释的一个好处就是可以放在任何地方，甚至是和它要解释的语句在同一行。一个较长的注释可以单放一行，或者是多行。在"/*"和"*/"之间的所有内容都会被编译器忽略掉。

如：

```
int number ;/* 定义一个整形变量number*/
```

注释也可以分成两行或多行：

```
/*
    程序员NO.7521：
    时间：20:24
    地点：中国北京海淀区
    天气：温度适中，空气良好，微冷
*/
```

除此之外，C99还增加另一种风格的注释，它被普遍用在C++或Java里，这种新形式使用//符号，但这种注释被限制在一行里，如下所示：

```
x=10；//将x赋值为10
```

4. 花括号

```
{
```

这个开始花括号"{"标志着函数的开始，而后面的结束花括号"}"则标志着函数的结束。

在C语言程序中，通常所有的C函数都使用花括号来表示函数体的开始与结束。它们是必不可少的，并且仅有花括号"{}"能起到这种作用，圆括号"()"和方括号"[]"都不行。

花括号还可以用来把函数中的语句聚集到一个单元或代码块中。

5. 声明

```
int number;
```

这个语句告诉编译器，我们将使用一个叫作 number 的变量，并且它是 int（整数）类型。程序中这一行叫作声明语句（declaration statement）。该声明语句是 C 语言中最重要的功能之一。这条语句声明了两件事情：第一，在函数中有一个名为 number 的变量；第二，int 说明 number 是一个整数，也就是说这个名为 number 的变量中没有小数部分（int 是 C 语言的一种数据类型）。编译器使用这个信息为变量 num 在内存中分配一个合适的存储空间。句末的分号指明这一行是 C 语言的一条语句，分号是语句的一部分，每个 C 语言都以一个英文分号作为结束标记。

单词 int 是 C 语言的一个关键字，代表了一种 C 语言的数据类型。关键字是用来表达语言的单词，不能将它们用于其他目的。比如，不能用 int 当作一个函数名或者一个变量的名字。

在 C 语言中，所有变量都必须在使用之前定义。这就意味着必须提供程序中要用到的所有变量名的列表，并且指出每个变量的数据类型。声明变量被认为是一种好的编程技术，在 C 语言当中必须这样做。

传统的 C 语言要求必须在一个代码块的开始处声明变量，在这之前不允许有任何其他语句。也就是说，main()函数如下所示：

```
int main()//traditional rules  (传统的用法)
{
   int year;
   int month;
   int day;
   year = 2020;
   month = 3;
   day = 21;
   //other statements (其他的语句)
 }
```

而现在 C99 规则遵循 C++的惯例，允许把声明放在代码块中的任何位置。然而，在首次使用变量之前仍然必须先声明它。因此，如果你的编译器支持这种功能，你的代码就可以像下面这样：

```
int main()  // C99 rules (C99 规则用法)
{
 // some statements  (一些语句)
 int doors;
 doors = 5;   // first use of doors (第一次使用到的变量)
 // more statements  (更多的语句)
 int dogs;
 dogs = 3;    // first use of dogs  (第一次使用到的变量)
 // other statements (其他的语句)
```

```
}
```

6. 赋值

```
number = 2020;
```

这条语句表示，将 number 这个变量赋值为 2020。

赋值语句是 C 语言的基本操作之一。这条语句的意思是“把整数值 2020 赋值给变量 number”。前面的“int number;”语句在计算机内存中为变量 number 分配了空间，该赋值语句在那个地方为变量存储了一个值 2020。而且以后你还可以给 number 赋另一个值，这就是为什么把 number 称为变量的原因。我们可以把变量理解成是一个容器，用来盛放常量。另外，注意赋值语句赋值的顺序是从右到左。同样，该语句也用分号结束。

7. printf()函数

```
printf("Hello, World! \n");
```

这是一个函数调用语句，在屏幕上显示“Hello, World!”，“\n”表示让光标另起一行。这里的 printf()是 C 标准库里的一部分。用专业术语来说，它是一个函数。在一个程序中使用另一个函数（如我们在 main()函数当中调用了 printf()函数），称为调用了一个函数。

8. return 语句

```
return 0;
```

C 函数可以给它的使用者提供或返回一个数值。此时，我们只需理解这一句是用来满足 C 标准的要求而已。

return 语句（返回语句）是程序的最后一个语句。在 int main()中 int 表示 main()函数的返回值应该是一个整数。C 标准要求 main()这样做。带有返回值的 C 语言函数要使用一个 return 语句，该语句包括关键字 return，后面紧跟着要返回的值，然后是一个分号。对于 main()函数来说，如果你漏掉了 return 语句，则大多数编译器将对你的疏忽提出警告，但仍将编译该程序。此时，你可以暂时把 main()中的 return 语句看作是保持逻辑连贯性所需的内容。但对于某些操作系统（包括 DOS 和 UNIX）而言，它有实际的用途。

```
}
```

结束的花括号，函数名 main()后“{”和“}”之间的部分称为函数体。

9. C 源程序的结构特点

（1）一个 C 语言源程序可以由一个或多个源文件组成。

（2）每个源文件可由一个或多个函数组成。

（3）一个 C 语言源程序不论由多少个文件组成，都有一个且只能有一个 main 函数，即主函数。

（4）源程序中可以有预处理命令（include 命令仅为其中的一种），预处理命令通常应放在源文件或源程序的最前面。

（5）每一个说明，每一个语句都必须以英文分号结尾。但预处理命令、函数头和花括号“}”之后不能加分号。

（6）标识符，关键字之间必须至少加一个空格以示间隔。若已有明显的间隔符，也可不再加空格来间隔。

10. 书写C程序时应遵循的规则

从书写清晰，便于阅读、理解、维护的角度出发，在书写程序时应遵循以下规则：

（1）一个说明或一条语句占一行。

（2）用{}括起来的部分，通常表示C程序的某一层次结构。{}一般与该结构语句的第一个字母对齐，并单独占一行。

（3）低一层次的语句或说明可比高一层次的语句，或说明缩进若干空格后书写，以便看起来更加清晰，增加程序的可读性。

在编程时大家应力求遵循这些规则，以养成良好的编程习惯。

通过例题1-1，相信你对C语言程序已经有了比较好的理解，每一种语言的程序都会有一个基本框架，例题1-1就是一个C语言程序的基本格式，不然是无法编译通过的。关于C语言程序各个部分的详细讲解我们将会在后面的章节中逐步展开介绍。

在大家进行代码编写练习的过程中，我们推荐使用GCC编译器，因为它的编译要求更接近C99标准。当然也可以在Windows系统下使用Visual C++ 6.0、Code Blocks、Dev C++等。本书为了与国家计算机等级考试的考试环境相匹配，选用了Visual C++6.0作为编译环境。

1.2.2 C语言程序的开发流程

为了让编写的C语言代码运行，我们需要先找到一个编辑软件输入它，然后经过编译，得到目标程序（*.obj），再经过连接，得到可执行程序（*.exe），运行可执行程序后才可以看到最后的执行结果。

不管我们编写的代码有多么简单，都必须经过“编辑源程序（*.c）→编译（目标文件*.obj）→连接（可执行文件*.exe）→运行”的过程才能生成可执行文件。其中，编译就是将我们编写的源代码“翻译”成计算机可以识别的二进制格式，它们以目标文件的形式存在（对于Visual C++，目标文件的后缀是.obj；对于GCC，目标文件的后缀是.o）；连接就是一个“打包”的过程，它将所有的目标文件及系统组件组合成一个可执行文件（在Windows下，可执行程序的后缀为.exe；在类UNIX系统如Linux、Mac OS等下，可执行程序没有特定的后缀，系统根据文件的头部信息来判断是不是可执行程序）。

C程序的开发流程如图1-5所示。

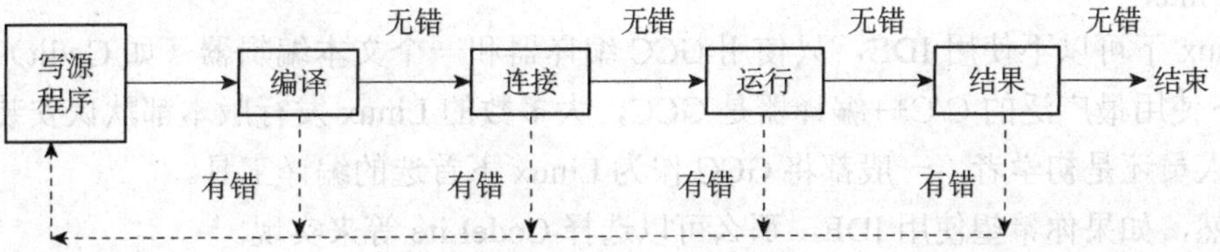

图1-5 C程序的开发流程

☆直通在线课

"C程序基本结构与开发流程"这部分内容在在线课中给大家提供了丰富多样的学习资料。

1.2.3 常用的集成开发环境（IDE）的使用

实际开发中，除了编译器是必需的工具，我们往往还需要很多其他辅助软件，例如：编辑器，用来编写代码，并且给代码着色，以方便阅读；代码提示器，输入部分代码即可提示全部代码，加速代码的编写过程；调试器，观察程序的每一个运行步骤，发现程序的逻辑错误；项目管理工具，对程序涉及的所有资源进行管理等。这些工具通常被放在一个软件中，统一发布和安装，例如 Visual Studio、Dev C++、Xcode、Visual C++ 6.0、C-Free、Code::Blocks 等，它们统称为集成开发环境（Integrated Development Environment，IDE）。

C 语言的集成开发环境有很多种，本节针对 Windows、Linux 和 Mac OS 三大平台给出推荐的集成开发环境。

1. Windows

Windows 下常见的有以下几种。

（1）Visual Studio。Windows 下推荐大家使用微软开发的 Visual Studio（简称 VS），它是 Windows 下的标准 IDE，实际开发中大家也都在使用。为了适应最新的 Windows 操作系统，微软每隔一段时间（一般是一两年）就会对 VS 进行升级。VS 的不同版本以发布年份命名，例如 VS2015 是微软于 2015 年发布的，VS2017 是微软于 2017 年发布的。我们推荐大家使用 VS2015，虽然安装包大一些，但是运行稳定，安装过程简单。

（2）DevC++。DevC++是一款免费开源的 C/C++IDE，内嵌 GCC 编译器（Linux GCC 编译器的 Windows 移植版）。DevC++的优点是体积小（只有几十兆）、安装卸载方便、学习成本低，缺点是调试功能弱。

（3）Visual C++ 6.0。Visual C++ 6.0（简称 VC 6.0）是微软开发的一款经典的 IDE，很多高校都以 VC 6.0 为教学工具来讲解 C 和 C++。但 VC 6.0 是 1998 年的产品，在 Windows7、8、10 下需要解决兼容性问题，具体安装方法请大家自行上网搜索，方法比较简单，如果无法解决，请使用上述其他两款软件。但是，鉴于全国计算机等级考试的官方考试环境依然为 Visual C++ 6.0，本书代码运行结果依然是通过 Visual C++ 6.0 运行得到的。

2. Linux

Linux 下可以不使用 IDE，只使用 GCC 编译器和一个文本编辑器（如 Gedit）即可。Linux 下使用最广泛的 C/C++编译器是 GCC，大多数的 Linux 发行版本都默认安装，不管是开发人员还是初学者，一般都将 GCC 作为 Linux 下首选的编译工具。

当然，如果你希望使用 IDE，那么可以选择 CodeLite 等来实现。

1.3 算法

1.3.1 算法的概念

著名计算机科学家尼克劳斯·沃斯曾经提出一个公式：

数据结构+算法=程序

其中说到的数据结构就是对数据的描述，而算法是对运算操作的描述。

算法是程序的核心，程序是某一算法用计算机程序设计语言的具体实现。当一个算法使用计算机程序设计语言描述时，就是程序。具体来说，一个算法使用C语言描述，就是C程序。

算法是利用计算机解决问题的处理步骤，简言之，算法就是解决问题的方法。

算法不仅仅用于计算机的数据处理，现实世界中的各种问题也需要结合算法的概念来解决。比如，现实生活中烹饪用到的食谱，食谱就是各种佳肴的制作方法，需要用一定的步骤制作出来。再比如，将一张白纸折成纸飞机，也会有不同的方法与步骤，从白纸折成纸飞机的过程可以看成是白纸变为飞机的算法，如图1-6所示。

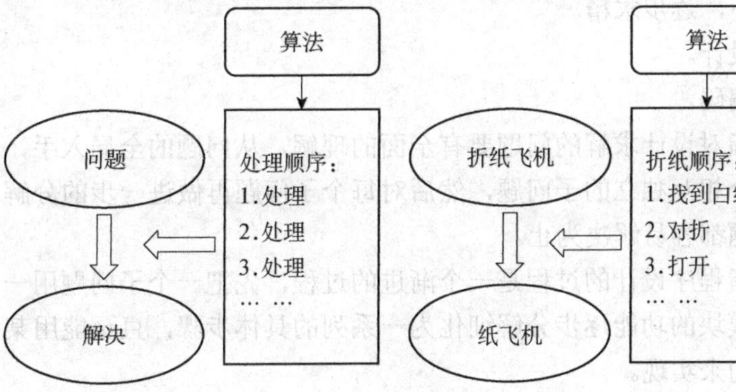

图1-6 算法

一个好的算法是编写程序的模型，因为它能创造计算机程序，其中还包含了程序的精髓。学过算法的人写出的程序和没学过算法的人写出的程序有明显的差距，程序的整体思路、可读性、执行效率都有很大区别。我们想要写出既能正确执行又能提高效率的好程序，算法的学习是不可或缺的。不仅在编程上如此，学好算法的设计与表示，还可以让你做任何事情都井井有条、不忙不乱、事半功倍。

一个好的算法应该具有下列特性：

（1）有穷性。一个算法必须在执行有限步骤之后结束。

（2）确定性。算法中的每一步，必须有确切的含义，他人理解时不会产生二义性。

（3）动态（可行）性。算法中描述的每一步操作都可以通过已有的基本操作执行有限次实现。

（4）输入。一个算法应该有零个或多个输入。

（5）输出。一个算法应该有一个或多个输出。这里所说的输出是指与输入有某种特定关系的量。

要设计一个好的算法通常要考虑以下的要求：

（1）正确。算法的执行结果应当满足预先规定的功能和性能要求。

（2）可读。一个算法应当思路清晰、层次分明、简单明了、易读易懂。

（3）健壮。当输入不合法数据时，应能做适当处理，不至于引起严重后果。

（4）高效。有效使用存储空间和有较高的时间效率。

1.3.2 算法设计原则

用计算机编写程序时，为了提高应用程序的效率，把设计上的错误最小化，通常都采用的一种编程思想叫作结构化程序设计思想。结构化程序设计中所有的处理流程，都可以用以下三种结构组合而成：

（1）顺序结构。按照所述顺序依次执行。

（2）选择结构。根据判断条件改变流程的执行方向。

（3）循环结构。当给定条件成立时，反复执行特定的处理操作。

结构化程序设计的基本要求：

（1）自顶向下，逐步求精。

（2）模块化设计。

（3）结构化编码。

自顶向下是指对设计求解的问题要有全面的理解，从问题的全局入手，把一个复杂的问题分解成若干个相互独立的子问题，然后对每个子问题再做进一步的分解，如此重复，直到每一个子问题都容易解决为止。

逐步求精是指程序设计的过程是一个渐进的过程，先把一个子问题用一个程序模块来描述，再把每个模块的功能逐步分解细化为一系列的具体步骤，直至能用某种程序设计语言的基本控制语句来实现。

逐步求精总是和自顶向下结合使用，将问题求解逐步具体化的过程，一般把逐步求精看作自顶向下设计的具体体现。

模块化是结构化程序设计的重要原则。所谓的模块化就是把纷繁复杂的主程序按照功能来划分为若干个小程序，用来实现特定的功能。子模块也可以划分为更为详细的子程序，由此便形成了程序的模块化结构。

1.3.3 算法的表示

1. 算法的常用表示方法

算法的常用表示方法有如下三种：

假设需要表示例题如下：输入两个数 a、b，判断并输出其中较大的数*。

---

* 说明，本书考虑到正文描述与代码保持一致，正文描述中字母采用正体表示。

（1）使用自然语言描述算法。

①输入 a、b 的值。

②判断 a 是否大于 b。

③若条件成立，输出 a。

④否则输出 b。

（2）使用伪代码描述算法。

```
input a,b
if a>b then
  print  a
else
  print  b
```

（3）使用流程图描述算法，如图 1-7 所示。

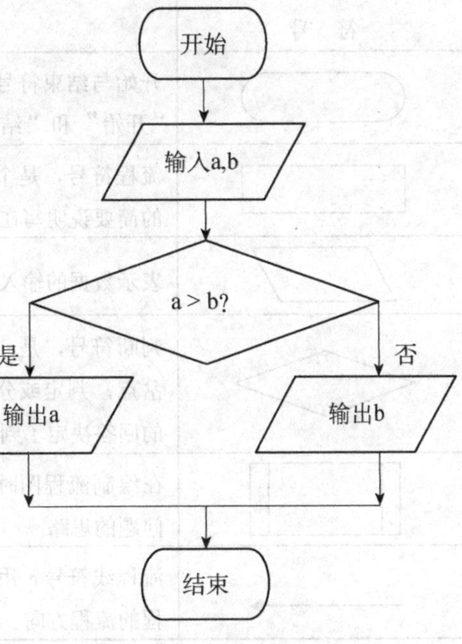

图 1-7　流程图表示算法

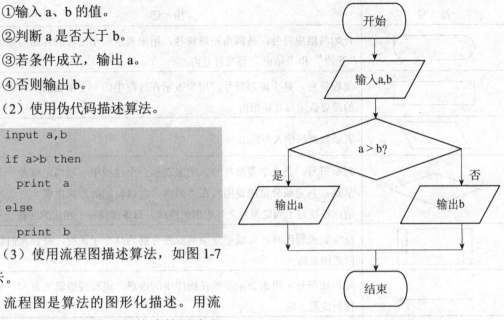

流程图是算法的图形化描述。用流程图可以更清晰地描述出算法的思路和过程。其实在我们生活中，经常会看到流程图，也会读懂流程图，并能按照流程图的要求去执行流程图中的各个步骤。例如，我们去图书馆借书就要遵循图书馆制定的流程。图书馆借书流程如图 1-8 所示。

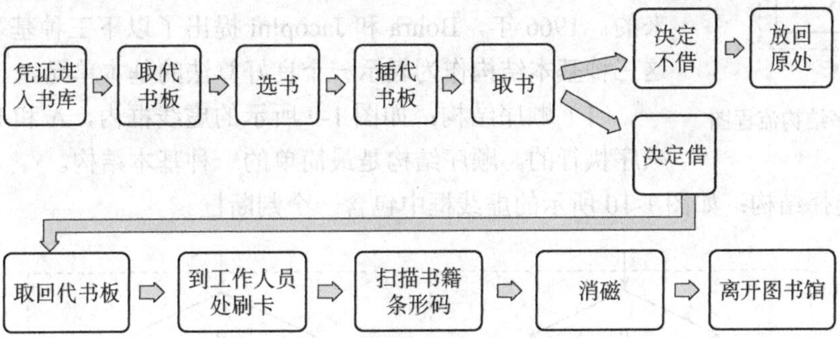

图 1-8　图书馆借书流程

流程图就是用一些图框来表示各种类型的操作，在框内写出各个步骤，然后用带箭头的线把它们连接起来，以表示执行的先后顺序。用图形表示算法，直观形象、易于理解。

规范的流程图可以帮助人们对流程统一认识，便于沟通和讨论，有助于提高工作效率。它使用一组预定义的符号来说明如何执行特定的任务，这些预先定义的符号已经标准化，从而让全世界的开发人员都可以采用这些符号而不会引起混淆。表 1-1 对流程图中使用的符号进行了汇总。

表 1-1　流程图符号

符　号	描　述
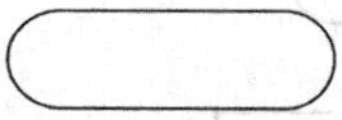	开始与结束符号，是圆角矩形符号，用来表示一个过程的开始与结束。"开始"和"结束"写在符号内
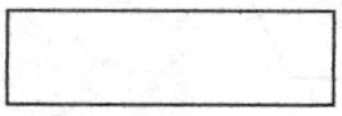	流程符号，是个矩形符号，用来表示在过程中的一个单独的步骤。流程的简要说明写在矩形内
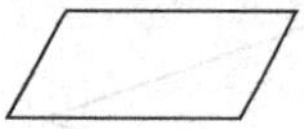	表示数据的输入与输出
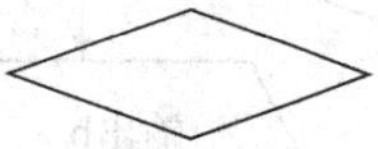	判断符号，是一个菱形符号。用来表示一个过程中一项判定或者一个分岔点，判定或分岔的说明写在菱形内，常以问题的形式出现。对该问题的回答决定了判定符号之外引出的路线，每条线路标上相应的回答
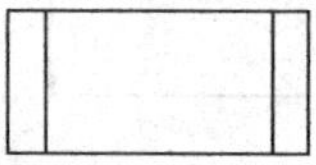	在绘制流程图时，可以把复杂的流程分解为几个子流程，符合人们解决问题的思路
	流程线符号。用来表示步骤在顺序中的进展。流程线的箭头表示一个过程的流程方向

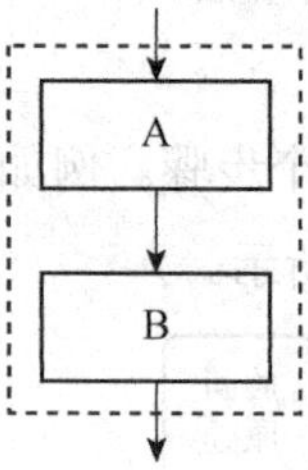

图 1-9　顺序结构流程图

2. 流程图的基本结构

为了提高算法的质量，使算法的设计和阅读方便，人们规定出几种基本结构，然后由这些基本结构按一定规律组成一个算法结构，整个算法的结构是由上而下地将各个基本结构顺序排列起来的。1966 年，Bohra 和 Jacoplni 提出了以下三种基本结构，用这三种基本结构作为表示一个良好算法的基本单元。

（1）顺序结构：如图 1-9 所示的虚线框内，A 和 B 两个框是顺序执行的。顺序结构是最简单的一种基本结构。

（2）选择结构：如图 1-10 所示的虚线框中包含一个判断框。

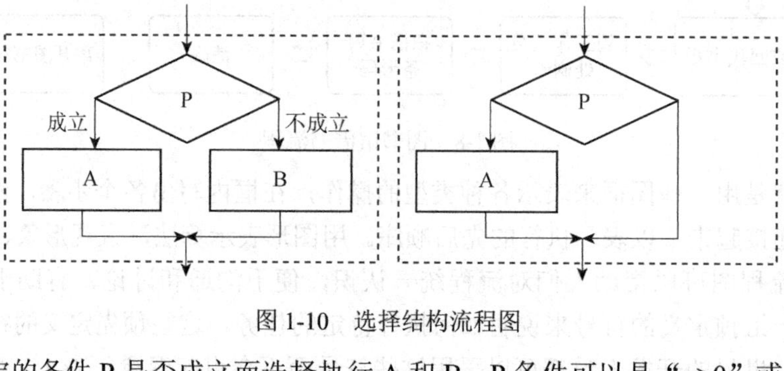

图 1-10　选择结构流程图

根据给定的条件 P 是否成立而选择执行 A 和 B。P 条件可以是"x>0"或"x>y"等。注意，无论 P 条件是否成立，都只能执行 A 和 B 之一，不可能既执行 A 又执行 B。无论走哪一条路径，在执行完 A 或 B 之后将脱离选择结构。A 或 B 两个框中可以有一个是空的，即不执行任何操作。

（3）循环结构：又称重复结构，即反复执行某一部分的操作。C语言有两类循环结构，如图1-11所示。

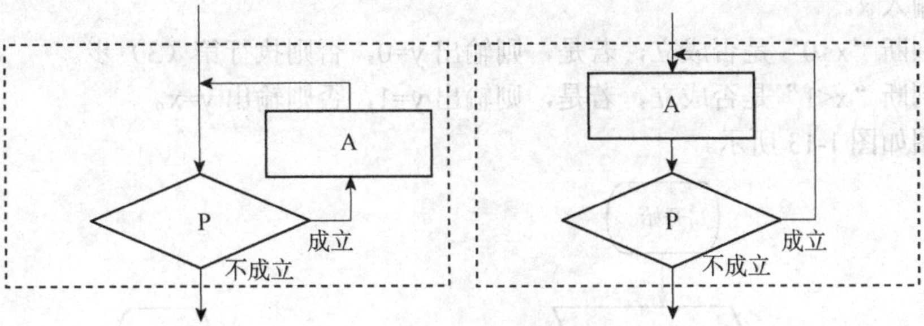

图1-11　循环结构流程图

当型（While）：当给定的条件P成立时，执行A框操作，然后再判断P条件是否成立。如果仍然成立，再执行A框，如此反复，直到P条件不成立为止。此时不执行A框而脱离循环结构。

直到型（Until）：先执行A框，然后判断给定的P条件是否成立，如果P条件成立，则再执行A，然后再对P条件做判断。如此反复，直到给定的P条件不成立为止。此时脱离本循环结构。

注意两种循环结构的异同：两种循环结构都能处理需要重复执行的操作。当型循环是“先判断（条件是否成立），后执行（A框）”；而直到型循环则是“先执行（A框），后判断（条件）”。

3. 流程图举例

例题1-1：思考计算长方形面积的问题，并给出算法，用文字描述出来。

问题的解决可分为下面几个步骤：

（1）设置num1和num2两个变量，接收用户输入的长度和宽度，并存储到num1和num2两个变量中。

（2）判断num1和num2是否大于0，如果大于0，继续下一个步骤，否则提示用户长度和宽度输入错误，算法结束。

（3）计算num1和num2的乘积，并将乘积的结果存储到result变量中。

（4）显示result变量的值到屏幕。

流程图如图1-12所示。

流程图可以采用多个工具软件进行绘制，下面所列的是常用的绘制流程图的工具软件，建议使用Microsoft Visio软件绘制。

（1）Microsoft Visio 2010或更高版本。

（2）在线流程图绘制工具http://processon.com。

（3）PPT、Word等软件。

例题1-2：设计一个算法，计算分段函数 $y=\begin{cases}0(x<0)\\1(0\leqslant x<1)\\x(x\geqslant 1)\end{cases}$ 的函数值，并画出流程

图。

问题的解决可分为下面几个步骤：

（1）输入 x。

（2）判断"x<0"是否成立，若是，则输出 y=0，否则执行第（3）步。

（3）判断"x<1"是否成立，若是，则输出 y=1，否则输出 y=x。

流程图如图 1-13 所示。

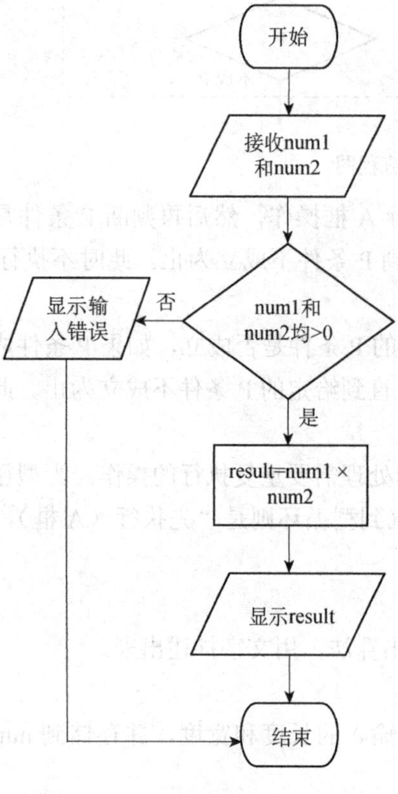

图 1-12　计算长方形面积算法流程

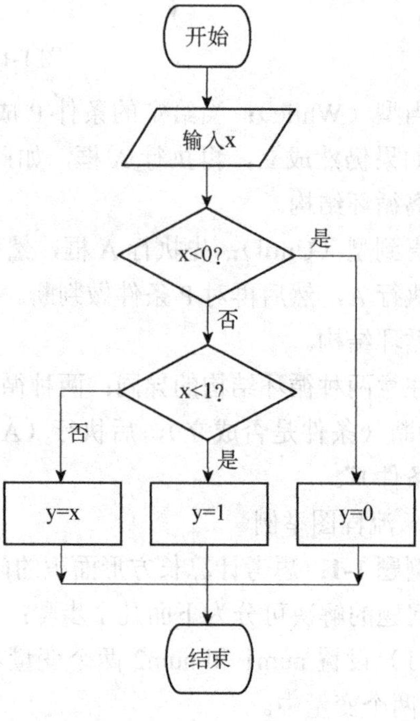

图 1-13　例题 1-2 流程图

例题 1-3： 有 50 个学生，要求将其中成绩大于 80 分的学生打印出来。

问题的解决可以做如下假设：用 N 表示学生的学号，N1 表示第一个学生的学号，Ni 表示第 i 个学生的学号；用 G 表示学生的成绩，G1 表示第一个学生的成绩，Gi 表示第 i 个学生的成绩。算法可以描述如下。

说明：i 值的变化范围：1～50，例如 i=1 代表第一个学生。

（1）输入 1：1 -> i

（2）如果 Gi≥80，则打印 Ni 和 Gi；否则，不打印。

（3）i+1 -> i

（4）如果 i≤50，返回第（2）步，继续执行，否则，算法结束。

流程图如图 1-14 所示。

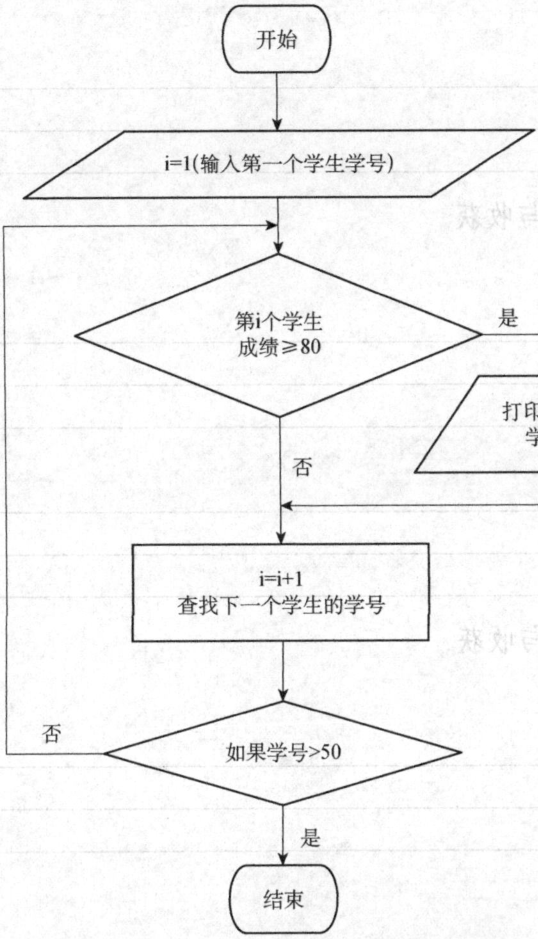

图 1-14　例题 1-3 流程图

> **☆直通在线课**
>
> “程序设计基础知识中的算法及表示方式”这部分内容在在线课中给大家提供了丰富多样的学习资料。

1.4　在线课程学习

一、学习收获及存在的问题

本章学习收获：

____

____

____

____

存在的问题：

二、"课堂讨论"问题与收获

"课堂讨论"问题：

"课堂讨论"收获：

三、"老师答疑"问题与收获

"老师答疑"问题：

"老师答疑"收获：

四、"综合讨论"问题与收获

"综合讨论"问题：

"综合讨论"收获：

五、"测验与作业"收获与存在的问题

"测验与作业"收获：

“测试与作业”存在的问题：

我们学到了什么

本章主要介绍了程序设计语言——C语言的产生、发展与现状，C语言的基本结构和开发流程及算法的表示方式。本章的重点是需要读者掌握C语言的基本结构和开发流程，以及算法的流程图表示方式。

C语言在计算机产业大爆发阶段被万人膜拜，拥有核心地位，无疑是整个软件产业的基础。软件行业的很多细分学科都是基于C语言的，学习数据结构、算法、操作系统、编译原理等都离不开C语言，所以国内外大学一般都将C语言作为一门公共课程，计算机相关专业的同学都要进行学习。

牛刀小试——练习题

一、选择题

1．以下叙述中正确的是（　　）。

A．程序设计的任务就是编写程序代码并上机调试

B．程序设计的任务就是确定所用数据结构

C．程序设计的任务就是确定所用算法

D．以上三种说法都不正确

2．以下叙述中正确的是（　　）。

A．C语言程序的基本组成单位是语句

B．C语言程序中的每一行只能写一条语句

C．简单C语言语句必须以分号结束

D．C语言语句必须在一行内写完

3．以下叙述中不正确的是（　　）。

A．一个C语言源程序可由一个或多个函数组成

B．一个C语言源程序必须包含一个main函数

C．C语言程序的基本组成单位是函数

D．在C语言程序中，注释说明只能位于一条语句的后面

4．以下叙述中正确的是（　　）。

A．C语言程序中的注释只能出现在程序的开始位置和语句的后面

B．C语言程序书写格式严格，要求一行内只能写一个语句

C．C语言程序书写格式自由，一个语句可以写在多行上

D．用C语言编写的程序只能放在一个程序文件中

二、问答题

1．汇编语言与高级语言有何区别？

2．在C语言程序中，为什么要加注释？

3．什么是计算机算法？它有哪些特征？

4．用流程图描述以下问题的算法：

（1）有两个杯子，分别装满水和可乐，现要求将两个杯子的液体互换。（即原来装水的，现改装可乐，而原来装可乐的，现改装水）

（2）输入3个整数，找出最小的一个数，并打印出来。

第 2 章　磨刀不误砍柴工
——程序设计基础知识

引　入

山民经常会上山砍柴，在砍柴之前，一定要将自己的砍刀认真地磨好，才可以顺顺利利地砍回上好的柴，以供生活之用。山民磨刀并不是耽误时间，而是为了下一步砍柴的需要，是完全必要的前期准备工作。我们学习 C 语言，同样需要准备编程前所必需的基本知识与技能。计算机程序的核心功能是用来处理现实应用中的各种数据（信息），因此必然涉及数据的存储、记忆与再加工处理。C 语言中，对数据的访问、存储和记忆一般均通过变量来完成。因此，关于变量及与之相关的知识点就是 C 语言学习的起点。

本章主要知识点

◎ C 语言中的关键字。
◎ 变量和常量的概念。
◎ 数据类型。
◎ 运算符。
◎ 数据类型转换。

本章难点

◎ 变量的本质。
◎ 运算符优先级及组建表达式。

2.1　C 语言的基本符号

C 语言的基本符号包括英文字母、数字和一些符合 C 语言规则的标点符号。所有 C 语言程序，都是由 C 语言的符号集里面的一些符号构成一定意义的语句，进而再组成一个独立的程序。

2.1.1　字符集

C 语言程序源代码需要在进行编译、连接之后，最终才可产生可执行文件。这里产生了前后两种不同的环境：编译期环境和运行期环境。为对应这两种环境，C 语言定义了两个字符集：源代码字符集和运行字符集。源代码字符集是用于组成 C 源代码的字符集合，运行字符集是可以被执行程序解释的字符集合。

这两种字符集都包括基本字符集（Base Character Set）和扩展字符（Extended Character），C 语言没有具体规定扩展字符。其中，基本字符集包含了下面的字符类型：

（1）拉丁字母。包括 26 个大写字母和 26 个小写字母，即 A～Z 及 a～z。

（2）十进制阿拉伯数字。包括 0～9 共 10 个数字。

（3）29 个可见字符。包括! " # % & ' () * + ， —. / :; < = > ? [\ ] ^ _ { | } ~。

（4）5 种空白字符。包括空格、水平制表符、垂直制表符、换行、换页。

（5）4 个不可打印字符。包括 null（用作字符串结束符）、警报（Alert）、退格（Backspace）保护、回车（Carriage Return）。为了在字母或字符串中表示相应字符，用到转义符“\”，形成转义序列，上面 4 个字符可对应表示为：“\0”表示 null，“\a”表示警报，“\b”表示退格，“r”表示回车。

2.1.2 标识符

所谓标识符，就是由 C 语言的基本字符集范围内的若干个字符，组合而成的字面名称序列。标识符涉及变量名、函数名、数组名、文件名、类型名等。

C 语言的标识符可以分为关键字、预定义标识符、用户标识符。其中：

（1）关键字。C 语言预先定义好的一批标识符，具有固定、特殊的含义，不可以另作他用。例如 int、if、while、long 等。

（2）预定义标识符。非 C 关键字，但也是 C 预先定义的，具有特定含义的标识符。表 2-1 列出了 C 语言中主要的预定义标识符。

表 2-1 C 语言主要预定义标识符

标识符名称	标识符含义
main	主函数名称
include、ifndef、define、endif	预处理指令
printf、sprintf、fprintf、puts、fputc、fputs	输出函数
scanf、gets、fgetc、fgets、fread	输入函数
stdin、stdout、stderr、ferror	标准输入、标准输出、标准错误输出、文件错误输出
read、fread、write、fwrite	读、写类函数
fopen、fclose	打开、关闭操作函数
FILE	文件类型
null、NULL	空指针、null 指针

（3）用户标识符。由程序员根据设计的需要，自定义的一些标识符。

说明：

针对用户标识符，C 语言的命名规则如下：

（1）组成标识符的字符包括字母、数字、下划线。标识符中不允许包含其他字符，比如空格。

（2）标识符的首字符，只能是字母或下划线。

（3）标识符严格区分大小写，大写字符与小写字符不同。

（4）标识符的有效长度，即最大个数内的前若干个字符有效，超过的字符则被舍弃。不同编译系统所允许的最大长度不同。但至少前 8 个字符有效。

（5）关键字不可以作为用户标识符。

注意：

（1）只有符合 C 语言命名规则的标识符，才是合法的用户标识符。

（2）虽然 C 语言没有明确禁止预定义标识符名作为用户标识符，但程序中如果使用与预定义标识符同名的标识符，会使预定义标识符失去原有的含义，并且可能会影响编译或程序的结果，因此不建议将预定义标识符名作为用户标识符。

判断下面几个自定义的标识符中，哪几个是合法的用户标识符？（　　）

A．1_23　　B．_acc　　C．b-123　　D．INT　　E．char　　F．xy z

根据用户标识符的命名规则分析，A 以数字开头是错误的；B 是合法的标识符；C 中包含非法字符“-”；D 属于合法标识符，因为大写 INT 不同于小写 int 关键字；E 为字符类型关键字，不能做自定义标识符；F 中包含空格，是非法的。

2.1.3　关键字

C 语言预定义了具有固定、特殊含义的标识符，属于 C 的主标识符，即 C 关键字。ANSI 标准 C 语言共定义了 32 个不同功能含义的关键字（见附录 2）。这里进行分类归纳如下。

1. 数据类型关键字（12 个）

（1）int：整型关键字。

（2）char：字符类型关键字。

（3）double：双精度类型关键字。

（4）float：浮点类型关键字。

（5）long：长整型关键字。

（6）short：短整型关键字。

（7）signed：有符号类型关键字。

（8）unsigned：无符号类型关键字。

（9）void：空类型关键字。

（10）enum：枚举类型关键字。

（11）struct：结构体类型关键字。

（12）union：共同体（联合）类型关键字。

2. 控制结构关键字（12 个）

条件语句关键字如下：

（1）if。条件选择关键字。

（2）else。条件否定关键字。

（3）goto。跳转关键字。

循环语句关键字如下：

（1）for。for 循环关键字。

（2）while。while 循环关键字。

（3）do…while。循环体执行关键字。

（4）break。结束当前循环关键字（也可以跳出开关体）。

（5）continue。结束本次循环，开始下次循环关键字。

选择开关关键字如下：

（1）switch：开关结构关键字。

（2）case：开关分支关键字。

（3）default：开关结构其他分支关键字。

返回语句如下：

return。返回值关键字。

3. 存储类型关键字（4 个）

（1）auto：自动变量关键字。

（2）static：静态变量关键字。

（3）extern：外部变量关键字。

（4）register：寄存器变量关键字。

4. 其他关键字（4 个）

（1）const：只读变量（常变量）关键字。

（2）sizeof：类型长度关键字。

（3）typedef：类型别名关键字。

（4）volatile：变量在执行中隐含改变关键字。

2.2 C 语言的数据类型

数据是反映客观事物属性的记录，是大千世界万千信息的表现形式与载体。单一的、模糊的原始性数据无法准确地表达不同的信息，也无法对其进行进一步的处理，因而需要对原始性数据进行限定及分类，从而进一步明确数据的性质及可实现的操作，也就是所谓的数据类型。数据类型规定了数据的类型属性及可操作的范围。

2.2.1 C 语言数据类型的分类

C 语言的数据类型包括基本数据类型、构造类型、指针类型及 void 空类型。图 2-1 列出了 C 语言所规定的数据类型，以及所对应的类型关键字。

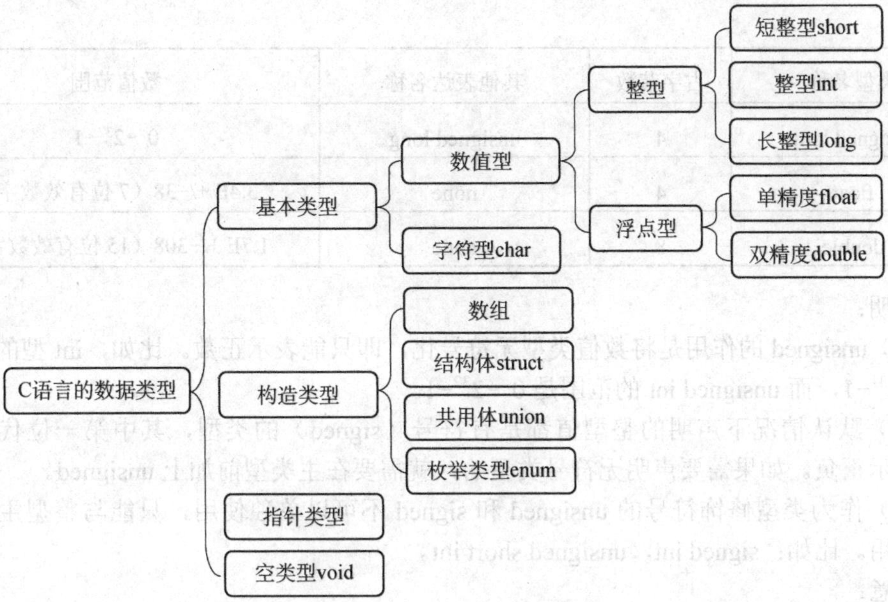

图 2-1 C 语言的数据类型

说明：关键字 short、int、long、char、float、double 代表 C 语言里的基本数据类型。

2.2.2 C 语言的基本数据类型

C 语言的基本数据类型，涉及两方面的问题。

（1）几乎所有的现代操作系统的内核都是由 C 语言编写的。不同位数的操作系统，比如 32 位和 64 位系统，以及不同的 C 编译器系统的环境下，如 VC 或 GCC 等，针对每种基本数据类型，均会制定相应系统环境下能够访问处理的边界范围值。

（2）C 程序中的数据一般通过编译系统分配到相应字节的内存空间。C 中不同数据类型所占用的字节数，在不同的操作系统和编译器环境下有所不同。

表 2-2 列出了在 32 位操作系统下，常见编译器中不同的数据类型占用字节数及所能表示的数值范围。

表 2-2 C 语言的数据类型字节数及数值范围

类型名称	占字节数	其他表达名称	数值范围
char	1	unsigned char	0~255
int	4	signed int	$-2^{31}\sim2^{31}-1$
unsigned int	4	unsigned	$0\sim2^{32}-1$
short	2	short int	$-2^{15}\sim2^{15}-1$
unsigned short	2	unsigned short int	$0\sim2^{16}-1$
long	4	long int	$-2^{31}\sim2^{31}-1$

（续表）

类型名称	占字节数	其他表达名称	数值范围
unsigned long	4	unsigned long	$0 \sim 2^{32}-1$
float	4	none	3.4E +/−38（7 位有效数字）
double	8	none	1.7E +/−308（15 位有效数字）

说明：

（1）unsigned 的作用是将数值类型无符号化，即只能表示正数。比如，int 型的范围是 $-2^{31} \sim 2^{31}-1$，而 unsigned int 的范围是 $0 \sim 2^{32}-1$。

（2）默认情况下声明的整型值都是有符号（signed）的类型，其中第一位代表符号位，表示正负。如果需要声明无符号类型的，就需要在主类型前加上 unsigned。

（3）作为类型修饰符号的 unsigned 和 signed 不可以单独使用，只能与整型主关键字搭配使用。比如：signed int，unsigned short int。

注意：

如果想要精确知道在自己的系统中，C 语言各数据类型所占用的内存字节数，需要使用 sizeof 关键字。

例题 2-1：编写程序求取当前系统中各数据类型占用的字节数。

编程思想：通过运用 sizeof 关键字，可以得出本机 C 系统下各类型的准确信息。

程序如下：

```
#include <stdio.h>
int main()
{
    printf("sizeof(char)=%lu\n",sizeof(char));
    printf("sizeof(short int)=%lu\n",sizeof(short int));
    printf("sizeof(double)=%lu\n",sizeof(double));
    printf("sizeof(long double)=%lu\n",sizeof(long double));
    printf("sizeof(unsigned short int)=%lu\n",sizeof(unsigned short int));
    return 0;
}
```

当前主机是 64 位操作系统的，VC6.0 编译系统，编译运行得出上面几种不同数据类型占用的字节数。运行结果如图 2-2 所示。

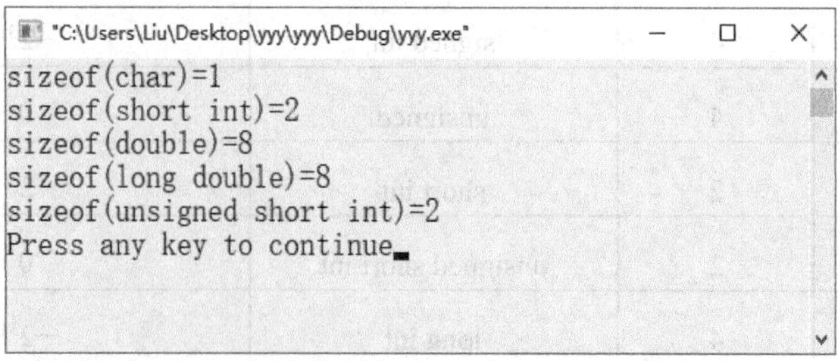

图 2-2　数据类型字节数实例结果

2.2.3 数据在内存中的存放形式

在计算机中，数据（或代码）都存放在存储设备上，比如歌曲、游戏、电影、文档等。以硬盘为代表的外部存储设备容量大，但数据传输速度慢，与 CPU 的速度不匹配。当人们在机器上听歌、看电影、玩游戏或者编辑文档时，计算机会将运行用到的各种数据拷贝到数据传输较快的中间存储器上，然后再送到 CPU 中进行处理。这个中间存储器就是内存。

计算机的内存以字节（8 个二进制位）为基本单位，每个字节在内存中对应一个唯一的地址编号。地址编号通常用一个十六进制的数字表示。

各种数据经过计算机系统统一处理后，均以 0、1 组成的二进制的形式存储在内存中。图 2-3 以字符'A'为例，说明了字面数据、计算机内部数据、内存地址三者之间的关系。

A							
0	1	0	0	0	0	0	1
100H							

图 2-3 字符'A'的存储

其中：

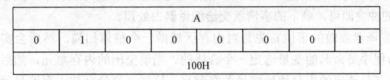

第一行是字符本身，属于字面数据，也就是我们看见的数据。

第二行是计算机内存中真正存储字符'A'的存储内容，属于计算机内部数据。

第三行是字符在计算机内的存储地址（编号）。

C 语言中常见的数据类型，在内存中存储有以下几种情况：

（1）整型数据。所有整数（正负零）在内存中都是以补码的形式存储的。对于一个正整数而言，其补码就是其原码本身；对应一个负整数而言，它的补码是原码取反再加一。

（2）字符数据。把字符对应的 ASCII 码值以二进制形式存放在存储单元中。

（3）实型数据。也称浮点数，在计算机中也是以二进制形式存储的。因为包含小数部分，数据的存储与整型数据有所区别。

引申：

（1）根据计算机的内部字长和具体的编译器版本，C 语言可表示的基本类型的数是有范围的。十进制无符号整型的范围为 0～65535，int 类型的范围为−32768～+32767。

（2）double 和 float 相比较，double 能够表示的数值范围更大，精度更高。

2.3 变量

每个人在生活中，经常要寻找各类的人或物，比如：寻找一个城市中的某个街道，一个小区中的某个住户，自己房间里的某件物品……这些看似多样的寻找行为，其实有一个共性：通过对“目标地址位置”的记忆、搜寻直至确定，最终找到目标——人或物。这种思维方式与计算机程序是不谋而合的。程序中用到的数据都是存放在内存中的，C 程序首先通过一种寻址的方式来定位一个内存地址，然后实现访问相应内存地址中的数据。

2.3.1 变量的概念

变量的本质

C 语言通过一种机制来访问及处理内存中的数据，这种机制就是变量。所谓变量，就是其值在程序执行过程中可以改变的量。

按照现实生活中寻找东西的思维，访问程序中的数据，程序员需要编程去寻找内存中的存储单元，而内存中有很多存储单元，每个存储单元都有一个编号。假如需要存储或访问 100 个数据，就需要精准地记忆 100 个存储单元的编号，这样编程是不大可能实现的。

基于访问数据必须进行寻址的工作模式，C 语言提供了一种高效可控的寻址机制，即变量机制。首先，程序员根据程序需要的数据，命名一个合法的标识符，以对应程序中某个数据。这个标识符就是变量。程序员只要保证这个新命名的标识符——变量，不产生语法与编译上的冲突即可，剩下的事情就交给编译器去处理。

接下来编译器要做的事情首先是对内存区域做一个整体扫描，然后会实现一个“选址”，就是为程序员命名的变量选定一个合适的、当前空闲的内存单元，然后再进行“关联”，将变量名与选定的内存地址编号关联起来。这样，变量名与内存编号就具有同样的意义，都代表了对应的内存。

经过编译器的处理之后，对程序员而言，只需记住变量名即可，无须再去记忆内存地址编号了。

图 2-4 指出了变量、内存地址编号、内存地址的关系。

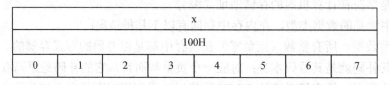

<table>
<tr><td colspan="8">x</td></tr>
<tr><td colspan="8">100H</td></tr>
<tr><td>0</td><td>1</td><td>2</td><td>3</td><td>4</td><td>5</td><td>6</td><td>7</td></tr>
</table>

图 2-4 变量与内存地址编号

其中：x 为变量，100H 为内存地址编号，这两者都对应了一个 8 位的内存单元。

声明变量是为了访问数据，而数据种类不是单一的，这里涉及两方面的问题：首先是程序员的问题，命名变量时必须指定变量所代表数据的数据类型；然后关联到编译器，编译器会根据变量及其类型分配一个合适的内存区域，也就是一个内存单元。比如：对于一个 char 类型变量分配 1 个字节的内存空间；而对于一个 double 类型变量，就需要先确定一个起始的内存地址，再从该地址开始连续分配 8 个字节的内存空间。第一个内存地址就是该变量的地址。

一旦分配确定，内存单元里只能存放相应类型的数据。比如：char 类型内存单元里只能存放字符型数据，double 类型内存单元里只能存放 double 类型的数据。

总结：

变量代表了一块以变量名命名的内存单元，程序通过变量名进行寻址，从而实现访问该内存单元中存放的数据。

2.3.2　变量的定义与访问

变量的应用

C 语言定义变量的一般语法格式如下：

```
数据类型 变量名[,量名 2,变量名 3,...];
```

说明：

（1）定义变量是一条语句，必须以分号结尾。

（2）方括号部分可选，表示可以一条语句定义同一类型的多个变量，变量之间以逗号分隔。

（3）数据类型表示后面的变量中要存储什么类型的数据。

（4）变量名是为变量命名的名字，要求符合用户标识符的命名规则。

比如：

“double my;”该语句定义了一个双精度类型的变量 my。

“short int a,b,c;”该语句定义了 3 个短整型变量 a,b,c。

我们已经知道：变量代表了一块以变量名命名的内存。那么，定义好变量之后，如何将数据放到变量对应的内存里面呢？这里主要有两种实现方式。

（1）赋值方式。赋值的一般格式如下：

```
变量 = 数值表达式;
```

比如：“i = 3;”该语句表示将 3 赋给变量 i，执行该语句后，变量 i 当前存放的数值是 3。

如果再有语句“i = 5;”，执行该语句后，变量 i 当前存放的数值不再是 3，而是 5，新值 5 覆盖了旧值 3。

再比如：

“int x, y;”表示定义两个整型变量 x、y;

“x = 5;”表示将 5 赋值给变量 x，x 当前的值为 5;

“y = x;”表示将 x 的值 5 赋值给变量 y，变量 y 就获取了数值 5。

（2）初始化方式。表示定义变量的同时，将“=”右边的初始值赋给“=”左边的变量。

初始化一般格式如下：

```
数据类型　变量 = 初始化值;
```

比如：

“int i = 3;”表示定义整型变量 i，同时将初值 3 赋给变量 i;

“int x = 5,y = 10;”表示定义了 x、y 两个变量，并分别将初值 5、10 赋给 x、y 两个变量。

例题 2-2：编写程序定义变量并进行赋值操作。

编程思想：通过多种赋值方式，掌握如何定义与使用变量。

```
#include <stdio.h>
int main()
{
```

```
    int a,b = 5,c = 10;  /*定义整型变量 a,定义并初始化变量 b,c*/
    int d;
    a = b;           /*将变量 b 的值赋给变量 a*/
    printf(“第一次赋值：a = %d\n”,a);
    a = c;          /*将变量 c 的值赋给变量 a*/
    printf(“第二次赋值：a = %d\n”,a);
    c = a;          /*将变量 a 的值再赋给变量 c*/
    printf(“变量 c 的新值：c = %d\n”,c);
    d = b;          /*将变量 b 的值赋给 d */
    printf(“变量 d 的值：d = %d\n”,d);
    return 0;
}
```

运行结果如图 2-5 所示。

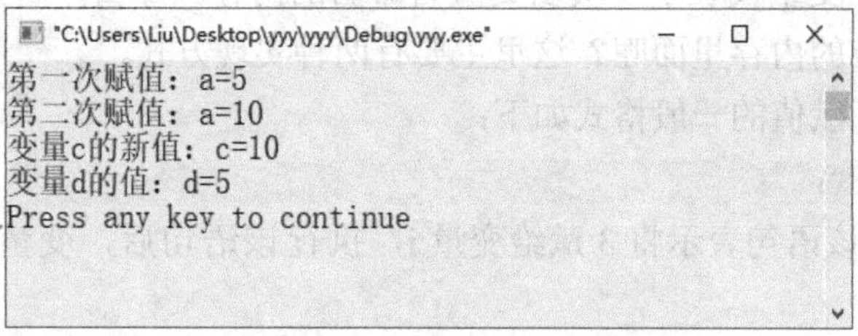

图 2-5　变量定义与赋值实例结果

总结：

（1）变量必须先进行定义，然后才能访问使用该变量。

（2）C 语言通过赋值或者初始化实现给变量传递数值，实质是将相应的数据存储于变量对应的内存单元中。可以对一个变量进行多次赋值，从而改变变量的值（内存存放的数据）。但对同一个变量，只允许进行一次初始化。

（3）对变量首次进行赋值，或者初始化时，被赋值的变量只能作为左值，而不能作为右值。

（4）变量具有两种属性值：变量名代表的内存地址值和变量中存放的数值。

特例：

常变量（只读变量）：定义后限定只能访问使用，而不能改变值的一种变量。

常变量定义一般格式如下：

```
数据类型  const  变量 = 初始值;
```

这里的 const 是只读变量的关键字，意味着变量值是固定的。

针对常变量，有两点规则。

①定义时必须进行初始化。

②定义之后，该变量不允许再被改变，也就不能再被赋值。

例题 2-3： 编写程序说明常变量的定义与使用。

编程思想：通过定义常变量，显示出常变量的应用规则。

程序如下：

```
1   #include <stdio.h>
2   int main()
3   {
4       int a,c = 10;   /*定义整型变量a,定义并初始化变量c*/
5       int const d;       /*定义常变量*/
6       d = c;             /*将变量c的值赋给变量d*/
7       printf("常变量d的值: d = %d\n",d);
8       a = d;             /*将d的值赋给变量a*/
9       printf("变量a的值: a = %d\n",a);
10      return 0;
11  }
```

编译后的结果如图 2-6 所示。

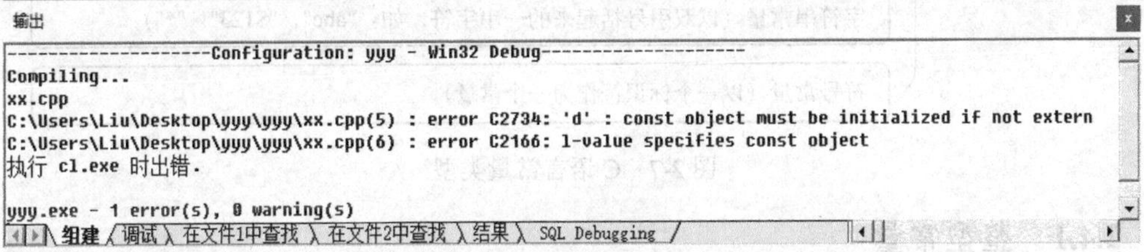
输出
--------------------Configuration: yyy - Win32 Debug--------------------
Compiling...
xx.cpp
C:\Users\Liu\Desktop\yyy\yyy\xx.cpp(5) : error C2734: 'd' : const object must be initialized if not extern
C:\Users\Liu\Desktop\yyy\yyy\xx.cpp(6) : error C2166: l-value specifies const object
执行 cl.exe 时出错.
yyy.exe - 1 error(s), 0 warning(s)
组建 调试 在文件1中查找 在文件2中查找 结果 SQL Debugging

图 2-6 常变量实例结果

程序分析：第 5 行定义常变量，没有进行初始化，应该给出一个具体的整型初始常值；第 6 行赋值语句，d 为常变量，不能再被赋值，也就不能作为左值。

引申：

变量的定义位置：在 C 语言的发展历程中，有不同的 C 标准版本，包括较老的 C89/C90 标准（也就是 ANSI C 标准）和 C99 标准。C89 标准要求变量定义的位置只能在程序、函数或复合语句的开头，也就是说定义变量的语句前面不能有其他非定义的语句。后来，C99 标准则放开了变量定义的范围，只要在变量使用之前，任何位置均可以进行定义。因而，变量定义的位置还要看编译器及其遵循的 C 标准版本。

☆直通在线课

“变量的定义与访问”这部分内容在在线课中给大家提供了丰富多样的学习资料。

2.4 常量

常量

常量就是在程序整体运行期间其值不可以发生变化的量。

C 语言有以下几种常量，如图 2-7 所示。

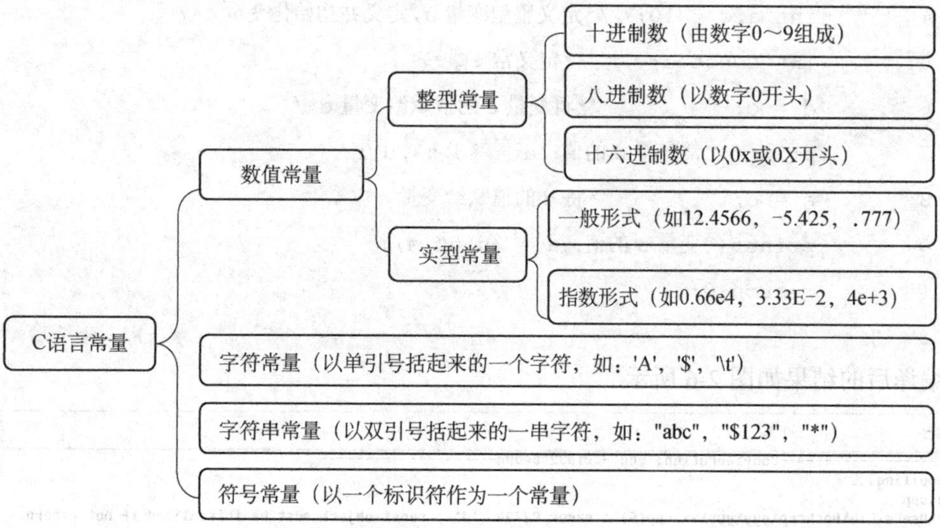

图 2-7　C 语言常量类型

2.4.1　整型常量

常见的整型常量有以下几种。

（1）整型（int）：如 15、2456、0、−88 等，数字范围 0～9，没有前缀。

（2）长整型（long int）：如 24455L、−500l、560L 等，注意后面结尾是大写或小写字母 l。

（3）无符号长整型（unsigned long int）：如 256ul、-5467UL、123456ul 等。

（4）八进制整型：如 0123、037u、0456L 等。以数字 0 开始，数字范围 0～7。可以带有字母后缀 u 或 l，大小写均可以。

（5）十六进制整型：如 0x356、0X13b、0xb47L 等。以 0x 或 0X 开头，数字范围：0～9 及 a～f（或 A～F）。

2.4.2　实型常量

实型常量就是带有小数部分的常数，即浮点数，在 C 语言中，都是用十进制来表示的。有两种表述方法：小数方式和指数方式。

（1）小数方式：可以省略小数部分或整数部分，但不能同时省略，小数点不可省略。如：20.456、16.、.568 等。

（2）指数方式：小数后面加带字母 e 表示指数。指数可正可负，但必须为整数。比如：8e-2 表示 8×10^{-2}，0.75e8 表示 0.75×10^{8}。

2.4.3 字符常量

字符常量是用单引号括起来的单个字符或转义字符。例如'a'、'W'、'5'、'\t'等。

字符常量在内存中以相应的 ASCII 编码值存储。ASCII 码详见附录 1。例如'0'字符的编码值是 48；字符'a'的编码值为 97，存储形式是相应的 ASCII 值的二进制数字：01100001。

说明：

转义字符是用反斜杠"\"开头的，表示特殊用途，具体见表 2-3。

表 2-3 C 常见转义字符

字符表示	含义
\n	换行回车
\t	横向跳格（跳到下一个输入区）
\v	竖向跳格
\b	退格
\r	回车
\f	走纸换页
\\	反斜杠字符
\'	单引号字符
\"	双引号字符
\ddd	1～3 位八进制数代表的字符
\xhh	1～2 位十六进制数代表的字符

2.4.4 字符串常量

字符串常量是用双引号括起来的若干个字符。任何 C 字符串都包括'\0'结束符。例如'a'为字符，其存储为 01100001，而"a"为字符串，其存储为：01100001 00000000，因为此字符串分解为字符'a'和结尾符'\0'。

注意：

C 字符串遇到第一个字符'\0'时，该字符串结束。例如："ACC\056c"就是"ACC"，字符'\0'之后是没有意义的。

2.4.5 符号常量

C 语言中，可以定义一个标识符来代替一个常量，这种标识符称为符号常量。

定义符号常量的一般格式如下：

```
#define 标识符 常量
```

这里，#define 是预编译指令，表示要进行宏定义，以相应的标识符代替常量，定义的标识符不占用内存，只是一个临时的符号。预编译指令不是 C 语句，因此结束位置没有分号。

说明：

（1）宏所表示的常量可以是数字、字符、字符串、表达式。其中最常用的是数字。

（2）宏的作用：宏定义最大的好处是方便程序的修改。使用宏定义可以用宏代替一个在程序中经常使用的常量。当需要改变这个常量的值时，就不需要对整个程序一个一个进行修改，只需修改宏定义中的常量即可。且当常量比较长时，使用宏可以用较短的有意义的标识符来代替它，这样编程的时候就会更方便，不容易出错。因此，宏定义的优点就是方便和易于维护。

（3）宏定义在编译期间会被使用并替换，在编译的时候被替换到引用的位置。宏定义不可以被赋值，即其值一旦定义不可修改。

（4）宏定义#define 一般都写在函数外面，在#include 指令之后。如果要终止其作用域可以使用#undef 命令。其格式为：#undef　宏格式符。

例题 2-4：编写程序求取圆的面积。

编程思想：通过定义圆周率的符号常量，在程序中使用符号常量。

程序如下：

```
#include <stdio.h>
#define PI 3.14159    /*定义一个符号常量 PI 代表圆周率*/
int main()
{
    float area,r;    /*定义面积变量及半径变量*/
    scanf("%f",&r);
    area = PI * r * r;
    printf("面积：%f\n",area);
    return 0;
}
```

运行结果如图 2-8 所示。

```
3.6
面积：40.715038
Press any key to continue
```

图 2-8　宏定义实例结果

☆直通在线课

"常量"这部分内容在在线课中给大家提供了丰富多样的学习资料。

2.5　C 语言中的运算符与表达式

程序进行进一步的数据处理，必须要借助一种工具——运算符。运算符按照 C 语言的语法将要处理的数据连接起来，从而组成 C 语言表达式，最终实现数据的处理与再加工。

2.5.1　有关运算符的基础知识

C 语言运算符是说明与定义特定操作的符号，这些符号可以让编译器理解并执行。运算符是构成 C 语言表达式的工具。C 语言通过运算符来连接各种数据。

C 语言提供了丰富的内置运算符，可以分为算术运算符、关系运算符、逻辑运算符、位运算符、赋值运算符等。

在学习运算符之前，需要介绍几个具体的概念术语：

（1）操作数（Operand）是程序要操作处理的数据实体，该数据可以是数值、逻辑值或其他类型。操作数既可以是变量，也可以是常量。

（2）运算符（Operator）是 C 语言程序对数据进行操作处理的符号。如对数据进行求和运算，要用到加法运算符“+”，求积要用到乘法运算符“*”。

（3）优先级就是多种运算符连接在一起，组成统一的表达式，涉及操作先后的次序。相同优先级情况下，操作的结合方向决定了先后次序。

根据运算符可以连接并操作的操作数的个数，可把运算符分为：单目（一目）运算符、双目（二目）运算符和三目运算符。

算术运算符与表达式

2.5.2　算术运算符与表达式

表 2-4 包含了 C 语言支持的所有算术运算符。相应举例中假设变量 X 的值是 20，变量 Y 的值是 30。

表 2-4　算术运算符

运算符	功能描述	实例
+	将两个操作数相加	X + Y 结果：50
-	将前面操作数减去后面操作数	X - Y 结果：-10
*	将两个操作数相乘	X * Y 结果：600
/	分子操作数除以分母操作数	Y / X 结果：1
%	取模运算符，整除后的余数	Y % X 结果：10
++	自增运算符，整数值增加 1	X++结果：21
--	自减运算符，整数值减小 1	Y--结果：29

下面通过实例，一起来了解下 C 语言算术运算符的应用。

例题 2-5：编写算术运算符运用的代码。

编程思想：通过运用算术运算符表达式，掌握在程序中使用运算符的形式。

程序如下：

```
#include <stdio.h>
int main()
{
    int a = 10,b = 30,c; /*定义两个操作数变量 a,b 及中间赋值变量 c*/
    printf(“a + b 的和值是: %d\n”,a + b);
    printf(“a - b 的差值是: %d\n”,a - b);
    printf(“a * b 的积值是: %d\n”,a * b);
    printf(“b / a 的商值是: %d\n”,b / a);
    c = b % a;
    printf(“b % a 的除后余数是: c= %d\n”,c);
    return 0;
}
```

运行结果如图 2-9 所示。

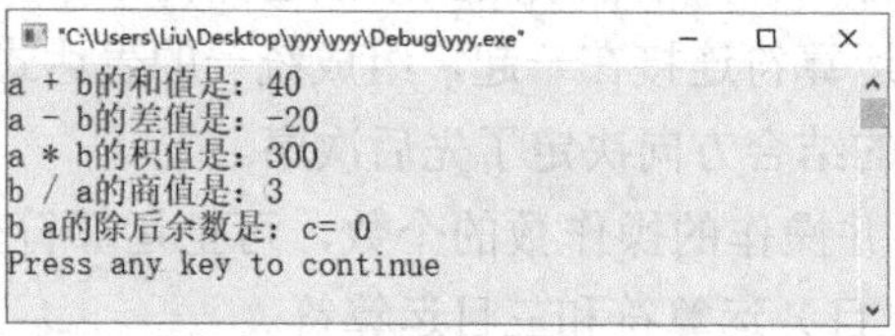

图 2-9　算术运算符实例结果

说明：

（1）关于算术运算符的优先级：在同一个表达式中，运算符“*”“/”“%”的优先级比运算符“+”“-”要高。

（2）同优先级的算术运算符遵循从左到右的结合方向。

（3）如果要改变操作运算顺序，必须使用括号。

（4）运算符“%”两边的操作数只能是整型，不能是浮点型。

比如：a – b * c 相当于 a - (b * c)，因为运算符“*”的优先级高于运算符“-”。但如果先计算减法，再进行乘法运算，则需要写成：(a – b) * c。

再比如：a / b % c 相当于(a / b) % c。

注意：

关于自加++、自减--运算符，在应用中分为前缀运算符和后缀运算符两种情形。

（1）自加或自减运算的操作数，要求只能是变量，而不能是常量或表达式。

（2）无论前缀操作或后缀操作，可以单独组成表达式，也可以作为表达式的一部分，执行完相应表达式后，执行自加后的变量值都增 1，执行自减后的变量值都减 1。

（3）后缀表达式的值为操作数进行自加或自减操作之前的数值，而前缀表达式的值为操作数首先进行自加或自减操作后的新值。

例题 2-6：编写自加与自减运算符应用的代码。

编程思想：通过运用自加与自减运算符，及不同表达式应用情况，掌握相关运算符的用法。

程序如下：

```
#include <stdio.h>
int main()
{
    int a = 10,c;   /*定义操作数变量 a 及中间赋值变量 c*/
    printf(“后缀运算：\n”);
    c = a++;
    printf(“第一次：后缀自加表达式的值：c= %d\n”,c);
    printf(“第一次：后缀自加之后操作数的值：a= %d\n”,a);
    printf(“第二次：进行自加，后缀自加表达式的值： %d\n”,a++);
    printf(“第二次：进行后缀自加之后，操作数的值：a= %d\n”,a);
    a = 10;       /*重新对操作数变量赋值*/
    printf(“前缀运算：\n”);
    c = --a;
    printf(“第一次:前缀自减表达式的值：c=%d\n”,c);
    printf(“第一次:前缀自减之后操作数的值：a= %d\n”,a);
    printf(“第二次:进行自减，前缀自减表达式的值： %d\n”,--a);
    printf(“第二次：进行前缀自减之后，操作数的值：a= %d\n”,a);
    printf(“算术运算符混合运算：\n”);
    a = 10;       /*重新对操作数变量赋值*/
    c = a++ + --a * a;
    printf(“混合运算后，整体表达式的值：c= %d\n”,c);
    printf(“混合运算后，变量 a 的值：%d\n”,a);
    return 0;
}
```

运行结果如图 2-10 所示。

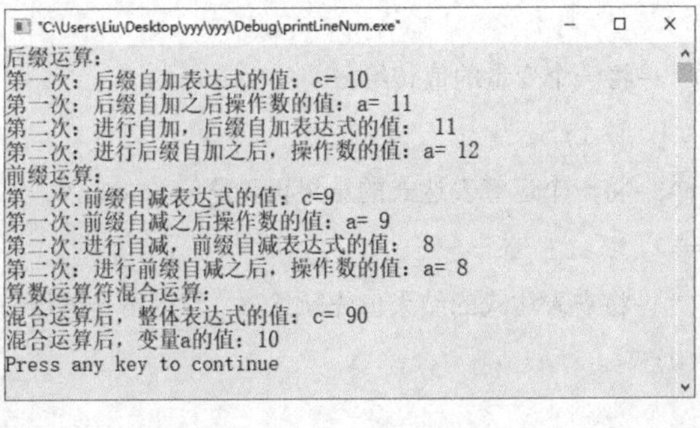

图 2-10　自加与自减实例结果

分析：在代码后面的混合运算中，先要计算乘法运算部分：--a 之后的 a 值为 9，乘积为 81，然后 a++表达式值为 9，最终整体表达式结果为 90。

2.5.3 赋值运算符

赋值运算符

C 语言赋值运算符分为简单赋值运算符和复合赋值运算符两类。

首先来学习简单赋值运算符。

将一个数字（或表达式运算的结果值）放到变量之中，这个操作称为赋值。"给变量赋值"就是将一个数值传给一个变量。C 语言通过赋值运算符"="来实现对变量的赋值。

赋值的一般格式如下：

```
变量 = 所赋数值(或运算表达式)；
```

注意：

（1）这里的"="跟数学中的等于号含义是不一样的。数学中的等于号表示绝对相等的关系，而 C 语言中的"="代表赋值操作，是将右侧表达式的值赋给左侧的变量。

（2）被赋值的对象只能是变量，而不能是常量。

说明：

通过赋值运算符，组成赋值表达式，涉及两个概念——左值与右值。

（1）左值：指的是赋值符号"="左边的部分，只能为变量。

（2）右值：指的是赋值符号"="右边的部分，可以是数值或表达式。

例题 2-7：应用赋值运算符进行赋值操作。

编程思想：通过使用不同情况的赋值表达式语句，理解赋值操作及概念。

程序如下：

```
#include <stdio.h>
int main()
{
    int a = 10,b = 5,c;  /*定义变量 a,b，c*/
    printf("本例展示赋值的不同情形：\n");
    c = 20;
    printf("1-直接将常值赋给 c：%d\n",c);
    c = a;
    printf("2-将一个变量的值传给 c： %d\n",a);
    c = a - b + 1;
    printf("3-将一个运算表达式的结果再传给 c：%d\n",c);
    c = a = 2 * a - b ;
    printf("4-将右表达式的结果值先赋给 a，然后再传值给 c：%d\n",c);
    return 0;
}
```

运行结果如图 2-11 所示。

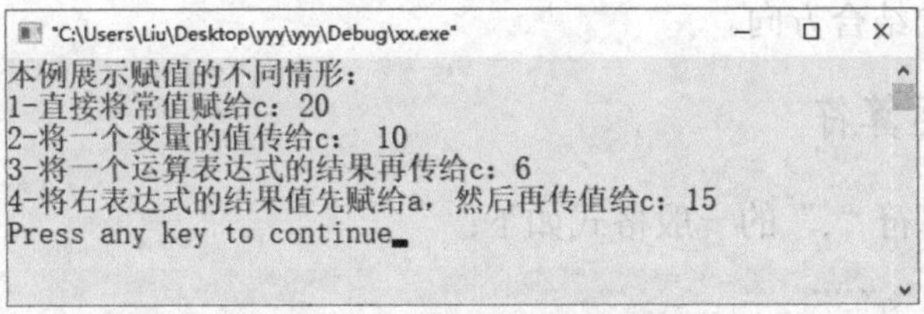

图 2-11　变量赋值实例结果

下面再来学习复合赋值运算符。

复合赋值运算符就是在简单赋值符号“=”前面加上其他运算符。

通过表 2-5，可以认识 C 语言中的复合赋值运算符。

自增自减运算符

表 2-5　复合赋值运算符

复合赋值运算符	功能描述	示例
+=	加法与赋值运算符。左值操作数与右值部分加法运算后，结果再赋给左值变量	C+=A 相当于 C = C + A
-=	减法与赋值运算符。左值操作数与右值部分减法运算后，结果再赋给左值变量	C-=A 相当于 C = C - A
*=	乘法与赋值运算符。左值操作数与右值部分乘法运算后，结果再赋给左值变量	C*=A 相当于 C = C * A
/=	除法与赋值运算符。左值操作数与右值部分减法运算后，结果再赋给左值变量	C/=A 相当于 C = C / A
%=	取模与赋值运算符。左值操作数与右值部分取模运算后，结果再赋给左值变量	C%=A 相当于 C = C % A
<<=	左移位与赋值运算符。左值操作数按右值部分进行左移位运算后，结果再赋给左值变量	C<<=2 相当于 C = C << 2
>>=	右移位与赋值运算符。左值操作数按右值部分进行右移位运算后，结果再赋给左值变量	C>>=2 相当于 C = C >> 2
&=	按位与运算后，结果赋给左值变量	C&=2 相当于 C = C & 2
^=	按位异或运算后，结果赋给左值变量	C^=2 相当于 C = C ^ 2
|=	按位或运算后，结果赋给左值变量	C|=2 相当于 C = C | 2

注意：复合运算符中运算符与赋值符“=”之间是没有空格的。

针对赋值运算符的应用，可归纳为以下两点。

（1）由赋值运算符及操作数组成赋值表达式，再由赋值表达式加上分号可构成赋值语句。

（2）复杂的赋值语句中，赋值运算一般在最后环节，将运算的结果值赋给左值变量，并且遵循从右向左的结合方向。

2.5.4 逗号运算符

C 语言逗号运算符“,”的一般格式如下：

```
表达式 1,表达式 2,……
```

该运算符的功能是：从左向右依次对表达式求值，即先计算表达式 1，然后再计算表达式 2，……最后一个表达式的值为整个表达式的值。

说明：

（1）表达式 1 与表达式 2 之间可能存在关联，也可能没有关联。无论关联与否，表达式 1 的值会被丢弃。

（2）逗号运算符的优先级在所有运算符中是最低的。

（3）单独作为一个表达式，逗号运算符两边不用加括号。此表达式不能构成独立语句。如：x = 2 * 4，sqrt(2 * x)表示先计算表示式 x = 2 * 4，得出 x = 8，然后 x 值代入表达式 sqrt(2 * x)并计算，整体表达式的值就是函数计算的结果 4。但是，如果希望把逗号运算的结果用到另一个赋值运算中，需要加带括号。例如 y = (x = 2 * 4,sqrt(2 * x));或者 y = sqrt((x = 2 * 4,sqrt(2 * x));。

例题 2-8： 应用逗号运算符示例。

编程思想：通过使用不同情况的逗号运算符表达式，理解其用法。

程序如下：

```
#include <stdio.h>
int main()
{
    int x,y = 16,m;
    printf(“本例展示逗号运算符的应用：\n”);
    m = (x = y,sqrt(x * 4));
    printf(“1-左表达式 x 的值，传给函数表达式后的结果：m=%d\n”,m);
    m = sqrt((x = y * 2,sqrt(y)));
    printf(“2-逗号符两边无关联的表达式，其最后结果：m= %d\n”,m);
    return 0;
}
```

运行结果如图 2-12 所示。

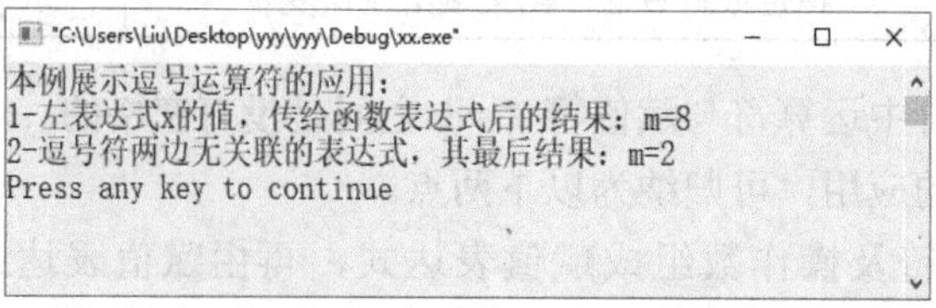

图 2-12　逗号运算符实例结果

2.5.5　位运算符

C 语言位运算符作用于位，是按二进制位逐位进行的运算，要求其操作数必须为整型。在系统处理软件程序中，经常涉及处理二进制数据的问题。

位运算符分为以下 6 种。

（1）双目运算符：按位与（&），按位或（|），及按位异或（^）。

（2）单目运算符：左位移<<，右位移>>，位取反~。

因为操作数的所有二进制位上只有 0 或 1 两个数值，所有位运算之后的二进制对应位结果值也只有 0 或 1 两种可能。

表 2-6 说明了几种位运算符的处理规则，其中 p、q 表示操作数对应位置的二进制位的数值。

表 2-6　二目位运算符

p	q	p&q	p|q	p^q
0	0	0	0	0
0	1	0	1	1
1	0	0	1	1
1	1	1	1	0

说明：

（1）按位与（&）：参加运算的两个操作数，按二进制位进行“与”运算。如果两个相应的二进制位都为 1，则该位的结果值为 1；否则为 0。

（2）按位或（|）：参加运算的两个操作数，按二进制位进行“或”运算。两个相应的二进制位中只要有一个为 1，该位的结果值为 1。

（3）按位异或（^）：参加运算的两个操作数，按二进制位进行“异或”运算。两个相应的二进制位值只要不一致，该位的结果值为 1。否则，该位的结果值为 0。

表 2-7 为另外三种一目位运算符，其中操作数 A 为 60，转化为二进制数为 0011 1100。

表 2-7　单目位运算符

运算符	功能描述	示例
~	按二进制位逐位取反	~A 结果：1100 0011，有符号的二进制数补码形式，即-61
<<	左移运算符。将一个运算对象的各二进制位全部左移若干位（左边的二进制位丢弃，右边补 0）	A<<2 结果：1111 0000，即为 240
>>	右移运算符。将一个数的各二进制位全部右移若干位，正数左补 0，负数左补 1，右边丢弃	A>>2 结果：0000 1111，即为 15

例题 2-9：应用位运算符示例。

编程思想：通过使用不同的位运算符应用表达式，理解其用法。

程序如下：

```
#include <stdio.h>
int main()
{
    unsigned int a = 60;     /*二进制数：0011 1100*/
    unsigned int b = 13;     /*二进制数：0000 1101*/
    int m;
    printf("本例展示位运算符的应用：\n");
    m = a & b;             /*二进制数：0000 1100*/
    printf("与运算的结果：m=%d\n",m);
    m = a | b;             /*二进制数：0011 1101*/
    printf("或运算的结果：m=%d\n",m);
    m = a ^ b;             /*二进制数：0011 0001*/
    printf("异或运算的结果：m=%d\n",m);
    m = ~a;              /*二进制数：1100 0011*/
    printf("取反运算的结果：m=%d\n",m);
    m = a<<2;             /*二进制数：1111 0000*/
    printf("左移 2 位运算的结果：m=%d\n",m);
    m = a>>2;             /*二进制数：0000 1111*/
    printf("右移 2 位运算的结果：m=%d\n",m);
    return 0;
}
```

运行结果如图 2-13 所示。

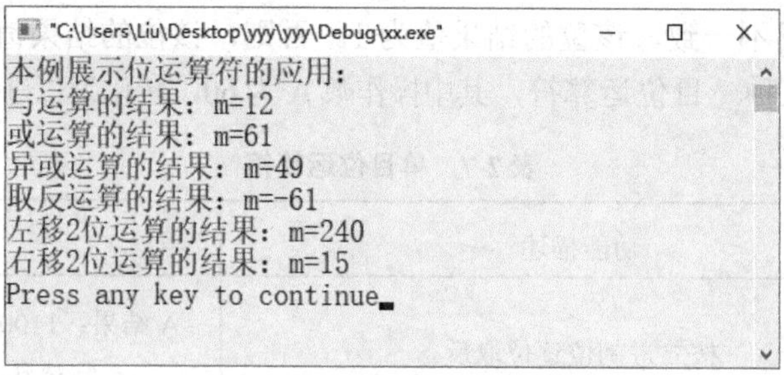

图 2-13　位运算符实例结果

2.5.6　其他运算符

C 语言还提供了几种常用的运算符，如表 2-8 所示。

表 2-8　其他运算符

运算符	功能描述	示例
&	取址符	a 为一个变量，则&a 为 a 的内存地址
?:	三目运算符，为条件测试表达式	A?a:b 表示：如果条件 A 表达式为真，则整体表达式值为 a，否则为 b

例题 2-10：取址符与三目运算符的应用示例。

编程思想：通过使用不同的运算符，理解其基本用法。

程序如下：

```
#include <stdio.h>
int main()
{
    int a,b;
    int f;
    printf(“请输入两个整数值：\n”);
    scanf(“%d %d”,&a,&b); /*输入两个值，分别放入 a,b 变量的地址中*/
    printf(“变量 a 的值：%d,变量 a 的地址：%x\n”,a,&a);
    printf(“变量 b 的值：%d,变量 b 的地址：%x\n”,b,&b);
    printf(“变量 a 占用：%d 字节\n”,sizeof(a));
    printf(“变量 b 占用：%d 字节\n”,sizeof(b));
    printf(“输出变量 a 的绝对值：”);
    f = a > 0 ? a:-a; /*条件测试表达式运算的结果值赋给 f*/
    printf(“%d\n”,f);
    return 0;
}
```

运行结果如图 2-14 所示。

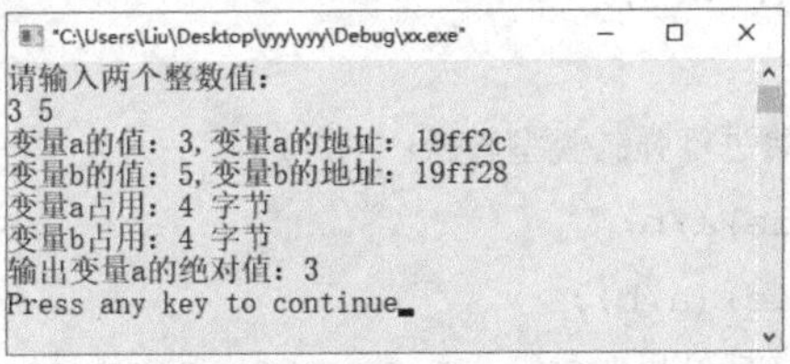

图 2-14　变量地址实例结果

> ☆**直通在线课**
>
> “C语言的算术运算符与表达式”这部分内容在在线课中给大家提供了丰富多样的学习资料。

2.5.7 数据类型转换

数据类型转换

C 语言程序处理数据需要借助表达式，在表达式中常常会连接不同类型的数据，因而在表达式执行过程中，可能会进行不同数据之间的兼容性处理，这就是本节要学习的数据类型转换。

数据类型转换就是将数据（变量或表达式的结果）从一种类型转换为另一种类型。

数据类型转换可以分为强制类型转换和自动类型转换。前者又称显式类型转换，后者又称隐式类型转换。

下面我们分别来学习这两种数据类型转换。

1. 强制类型转换

该种类型转换是程序员根据程序设计的需要，将表达式中的数据或表达式的结果值，转换为所需要的预定类型。

转换的一般格式如下：

```
(目标类型)(转换的表达式)
```

比如：

int a = 10;

double b;

b = (double)a;该语句是将整型变量 a 转换为 double 后，再赋给变量 b。

b = (double)(2*a);该语句将表达式 2*a 的结果转换为 double 类型，然后赋给变量 b。

b = (double)(2*a)-1;该语句将表达式 2*a 的结果转换为 double 类型后，再减去 1，最终结果赋给变量 b。

例题 2-11：数据类型转换示例。

编程思想：通过使用强制类型转换不同应用形式，理解其基本用法。

程序如下：

```
#include <stdio.h>
int main()
{
    int a = 17,b = 5;
    double f1,f2;
    printf("开始进行强制类型转换：\n");
    f1 = (double)a/b;
    f2 = (double)(a/b);
    printf("转换后结果：f1= %f,f2= %f\n",f1,f2);
    return 0;
}
```

运行结果如图 2-15 所示。

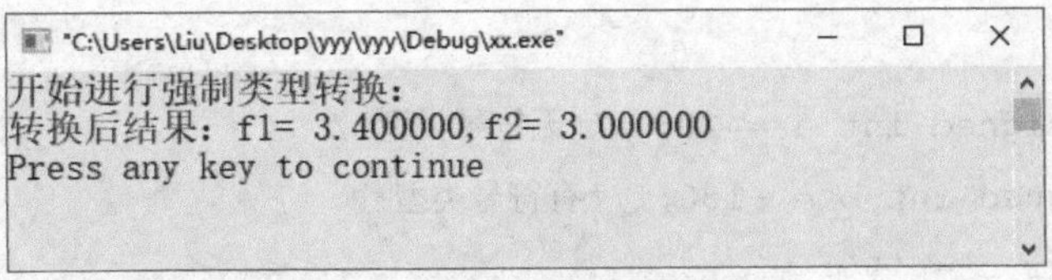

图 2-15　强制类型转换实例结果

针对强制类型转换，可归纳为以下两点。

（1）转换运算的优先级高于算术运算符。如上例中第 7 行，先将 a 转换为 double 类型，然后转换的结果再与 b 相除。

（2）转换单个变量，变量两边不必加括号，但转化表达式，表达式两边必须加括号。如上例第 8 行，对 a/b 表达式的结果进行转换，那么该表达式两边需要加括号。

2. 自动类型转换

当在一个复合的表达式中，源数据与目标结果类型有所不同，从而引发数据的兼容性处理。但这种兼容性处理不再由程序员自己控制，而是由 C 编译器自动处理完成的。

C 语言程序通常会在下面几种情形下发生自动类型转换。

第一种情况：发生在由算术表达式组成的复合运算之中。遵循数据由低级向高级转换的规则。具体而言：

（1）字符必须先转换为整型（C 规定，在 ASCII 码范围之内，字符型与整型可以通用）。

（2）短整 short 要转换为 int 类型。

（3）浮点 float 类型需要转换为双精度 double 类型，以提高精度。

图 2-16 体现了不同数据算术运算时进行转换的规则（箭头体现了转换的方向）。

针对自动类型转换，可归纳为以下两点。

（1）当不同类型的数据进行算术运算时，各运算数首先要转换为相同的数据类型，然后再进行操作。转换的规则是：由低级向高级转换。

（2）当表达式中存在有符号类型数据和无符号类型数据时，所有的操作数都要转换为无符号类型。从这个意义讲，无符号数的运算优先级要高于有符号数。

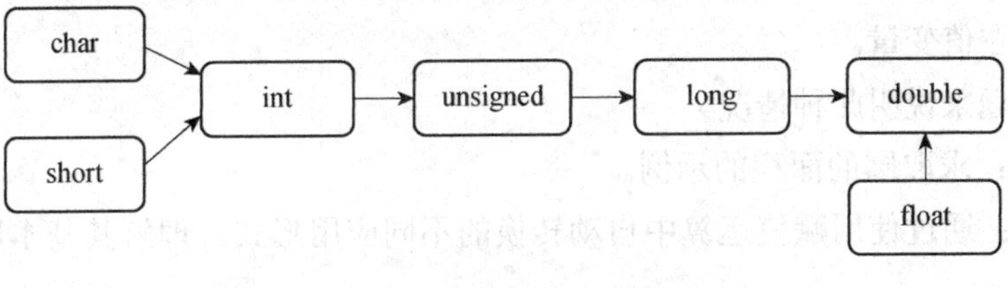

图 2-16　算术运算的自动类型转换

下面用例题说明算术运算中的自动类型转换。

例题 2-12：应用算术运算中自动转换的示例。

编程思想：通过使用算术运算中自动转换的不同应用形式，理解其基本用法。

程序如下：

```
#include <stdio.h>
int main()
```

```
3   {
4       unsigned int a = 20;  /*无符号类型*/
5       signed int b = -130; /*有符号类型*/
6       char c = '$';
7       float d = 34.567;
8       printf("开始进行算术运算的自动类型转换测试：\n");
9       printf("输出 b+30 的值：%d\n",b+30);
10      printf("输出 a 与 b 中较大的值：%d\n",a>b ?:a,b);
11      printf("输出 a+c 的运算结果：%d\n",a+c);
12      printf("输出 a+c+d 的运算结果：%f\n",a+c+d);
13      return 0;
14  }
```

运行结果如图 2-17 所示。

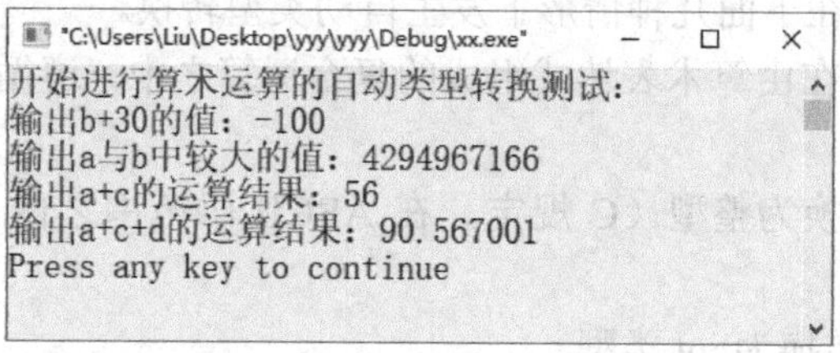

图 2-17　自动类型转换实例结果

结果分析：

（1）b 与立即数之间操作时不影响 b 的类型，运算结果仍然为 signed int 型。

（2）第 10 行比较两个数值的大小。因为在 C 语言操作中，如果遇到无符号数与有符号数之间的操作，编译器会自动转化为无符号数来进行处理，结果 a＝20，b＝4294967166，这样比较当然 b>a 了。

第二种情况：发生在赋值表达式中，右值表达式的值自动转换为左值变量的类型，转换结果再赋给左值变量。

用以下例题来说明此种情况。

例题 2-13：求取圆的面积的示例。

编程思想：通过使用赋值运算中自动转换的不同应用形式，理解其基本用法。

程序如下：

```
#include <stdio.h>
#define PI 3.14159
int main()
{
    int r = 5;  /*半径*/
    int s1;
```

```
    double s2;
    s1 = r * r * PI;
    s2 = r * r * PI;
    printf("圆的面积值1: s1= %d\n",s1);
    printf("圆的面积值2: s2= %f\n",s2);;
    return 0;
}
```

运行结果如图2-18所示。

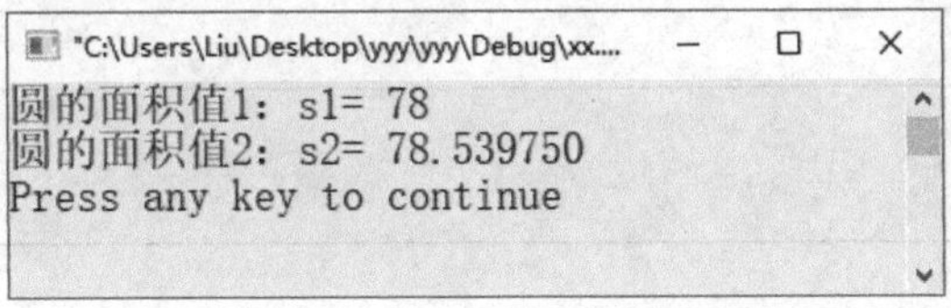
"C:\Users\Liu\Desktop\yyy\yyy\Debug\xx....
圆的面积值1：s1= 78
圆的面积值2：s2= 78.539750
Press any key to continue

图2-18　自动类型转换实例结果

结果分析：

（1）计算表达式时，r 和 PI 都转换成 double 类型，表达式的结果也为 double 类型。

（2）表达式结果为 double 类型，最终赋给左值 s1 或 s2 变量时，要看左值变量的类型，按其类型再进行转换，转换的结果赋给左值。

注意：如果赋值表达式左值变量为整型，由于自动转换，右值表达式结果值可能发生小数位的舍弃，直接舍弃小数位，而不是四舍五入。

第三种情况：自动转换还会发生在函数的实参、形参的传递过程中，以及函数返回的结果值与返回类型的兼容处理中。

> **☆直通在线课**
>
> “数据类型转换”这部分内容在在线课中给大家提供了丰富多样的学习资料。

2.6　在线课程学习

一、学习收获及存在的问题

本章学习收获：

____

____

____

____

存在的问题：

二、"课堂讨论"问题与收获

"课堂讨论"问题：

"课堂讨论"收获：

三、"老师答疑"问题与收获

"老师答疑"问题：

"老师答疑"收获：

四、"综合讨论"问题与收获

"综合讨论"问题：

"综合讨论"收获：

五、"测验与作业"收获与存在的问题

"测验与作业"收获：

"测试与作业"存在的问题：

我们学到了什么

本章主要介绍了C的标识符、变量、常量、运算符及表达式。本章知识点在整个C语言的学习中是最基础的，也是未来编程的前提。变量是最重要的概念，它涉及内存及数据存储，是C语言程序中数据的载体。数据类型界定了数据的功能属性，通过运算符实现数据的处理，进而组成表达式语句。不同类型的数据混合在一个表达式中，涉及数据类型的转换。

牛刀小试——练习题

一、填空题

1．浮点类型包括________类型和________类型。

2．定义一个常变量的关键字是__________。

3．数据类型转换分为___________和___________。

4．如果要改变一个组合表达式中原有的计算顺序，需要在要改变的子表达式两边加上________。

5．C语言运算符中能够对二进制数据进行直接操作的是__________。

二、选择题

1．以下定义的变量名中正确的是（　　）。

A．a-123　　B．Main

C．INT　　D．2acc

2．下列运算符按从右到左的结合方向的是（　　）。

A．算术运算符　　B．关系运算符

C．逻辑与　　D．赋值运算符

3．下面不属于C关键字的预定义标识符是（　　）。

A．while　　B．Static

C．double　　D．include

4．下面运算符中运算优先级最低的是（　　）。

A．逻辑非!　　B．逗号运算符

C．sizeof　　D．取模

5．int x,y = 16,m;m = sqrt((x = y,sqrt(4 * x)))的运算结果是（　　）。

A．8　　B．4

C．2　　D．1

6．下面不正确的字符常量是（　　）。

A．'a'　　B．'\x41'

C．'\101'　　D．"x"

7．!x||a==b 等效于（　　）。

A．!(x||a==b)　　B．!(x||a)==b

C．!(x||(a==b))　　D．(!x)||(a==b)

8．逻辑运算符中，优先级由高到低的顺序是（　　）。

A．&& ! ||　　B．! && ||

C．! || &&　　D．&& || !

9．int a = 3;那么，执行语句：a+=a-=a*=a;后，变量 a 的值是（　　）。

A．3　　B．0

C．9　　D．-12

10．C 语言中，要求运算数只能是整数的运算符是（　　）。

A．%　　B．/

C．>　　D．*

11．下面不正确的转义字符是（　　）。

A．'\\'　　B．'\,'

C．'\074'　　D．'\0'

第 3 章　先来后到
——顺序结构

引　入

结构化程序设计的基本思想是采用“自顶向下、逐步细化”的设计方法和“单入单出”的控制结构，最终由顺序、选择、循环三种基本控制结构构造而成。宋代梅尧臣在《宛陵文集》中，曾提到：“何作嗟迟疾，从来有后先，所期皆一到，我到尔应还。”意思是说干什么事都要讲究先来后到。顺序结构采取的就是自上而下的思路，整个程序的执行按照书写的顺序从上到下依次完成。另外，在编写程序的过程中，离不开数据的输入和输出，C 语言中提供了标准的输入/输出函数，以便达到更好的人机交互。

本章主要知识点

◎ 结构化程序设计的基本概念。
◎ 数据输入函数 scanf()和 getchar()。
◎ 数据输出函数 printf()和 putchar()。

本章难点

◎ 数据的格式化输入函数 scanf()的使用。
◎ 数据的格式化输出函数 printf()的使用。

3.1　结构化程序设计的基本概念

结构化程序设计（Structured Programming）的基本思想是采用“自顶向下、逐步细化”的设计方法和“单入单出”的控制结构，最早由 E. W. Dijikstra 于 1965 年提出，是软件发展的一个重要里程碑。结构化程序设计的基本理念是把一个复杂的大问题分解为若干相对独立的小问题；然后，针对每个小问题编写出一个功能上相对独立的程序块（模块）；最后将各程序块组装成为一个完整的程序。

结构化程序设计主要强调的是程序的易读性，减少了程序的复杂性。一个结构化的算法是由顺序、选择、循环三种基本控制结构构造而成的。

1. 顺序结构

顺序结构是最简单的程序结构，也是最常用的程序结构，只要按照解决问题的顺序写出相应的语句就行，它的执行顺序是自上而下，依次执行。图 3-1 给出了顺序结构的流程图，该结构先执行语句块 A，再执行语句块 B，两者是顺序执行的关系。

2. 选择结构

选择结构又称为分支结构，该结构根据给定的表达式，控制程序的执行结果。图 3-2 给出了选择结构的流程图，该结构先判断表达式是否成立，当表达式成立，即为"真"时，执行语句块 A；否则，执行语句块 B。

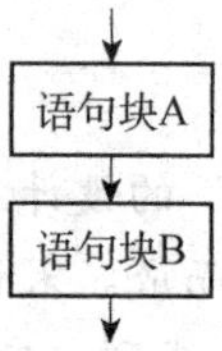

图 3-1　顺序结构流程图

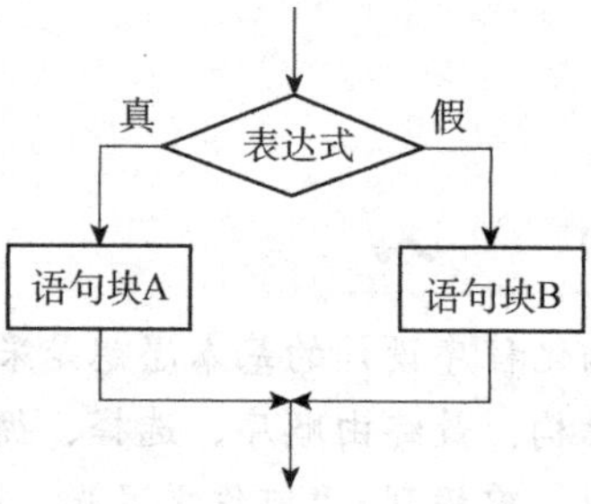

图 3-2　选择结构流程图

3. 循环结构

循环结构也称为重复结构，当表达式成立时，重复执行对应的操作。该结构有两种形式。

（1）当型循环结构，指当表达式成立，即为"真"时，重复执行语句块 A；当表达式不成立，即为"假"时，跳出循环。图 3-3 给出了当型循环结构的流程图。

（2）直到型循环结构，是先执行语句块 A，再判断表达式是否成立，当表达式成立，即为"真"时，再执行语句块 A，如此反复，直到表达式不成立，即为"假"时，才跳出循环。图 3-4 给出了直到型循环结构的流程图。

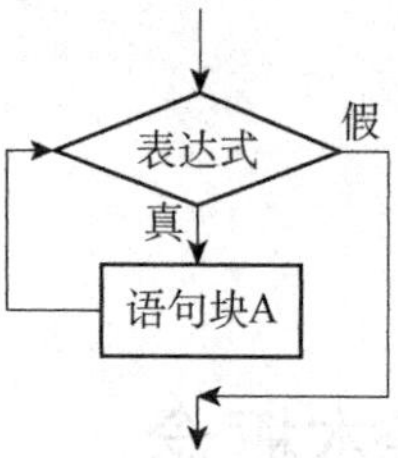

图 3-3　当型循环结构流程图

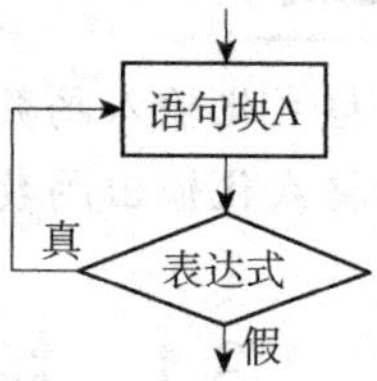

图 3-4　直到型循环结构流程图

3.2　数据的输入与输出

C 语言中没有专门的输入/输出语句，程序的输入/输出功能是由库函数来实现的。C 语言的库函数，提供了功能强大的格式化输入函数 scanf()和输出函数 printf()。同时，针对字符类型的数据，提供了字符输入函数 getchar()和字符输出函数 putchar()，这四个函数都是在头文件 stdio.h 中定义的。

3.2.1 数据的输出

1. 格式化输出函数printf()

数据的格式化输出函数是printf()，其作用是按指定格式向终端（通常指显示器）输出数据。printf()函数的一般格式如下：

printf()函数

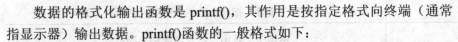

```
printf("格式控制字符串"[，输出项列表]);
```

说明：

（1）格式控制字符串：可包括“格式控制符”和“普通字符”两种信息，其中格式控制符是以“%”字符开始的，例如“%d”，用于指定输出格式；普通字符的主要作用是解释、说明，不需要进行格式转换，直接原样输出该字符。表3-1给出了printf()函数中常用的格式转换说明符，表3-2给出了printf()函数中常用的附加格式说明符（修饰符）。

（2）输出项列表：是可选参数，表示要输出的数据（多个时以“,”分隔），输出项可以是常量、变量及表达式。

（3）输出项的个数要与格式控制字符串的个数相同。

（4）返回值：当语句执行正常时，返回输出字节数；当语句执行出错时，返回EOF(-1)。

表3-1 printf()函数中常用的格式转换说明符

格式转换说明符	说 明
%d，%i	以十进制数形式输出带符号整数
%x	以十六进制数形式输出带符号整数
%o	以八进制数形式输出带符号整数
%u	以十进制数形式输出不带符号整数
%c	输出单个字符
%s	输出字符串
%e	以指数形式输出实数
%f	以小数形式输出单精度、双精度实数
%g	选用%f或%e格式输出宽度较短的一种格式，无意义的0不输出
%%	输出百分号本身

在格式说明中，在“%”和上述格式转换说明符间可以插入修饰符，对输出的数据进行更加详细的格式处理。

表3-2 printf()函数中常用的附加格式说明符（修饰符）

修饰符	功 能
m	输出数据域宽，数据长度<m，左侧补空格；否则按实际输出

（续表）

修饰符	功 能
.n	适用于实数，指定小数点后位数（四舍五入）
-	适用于字符串，指定实际输出的位数
+	控制输出数据在域内左对齐（默认的是右对齐）
0	输出数据时指定左侧不使用的空位置自动填 0
#	在八进制数和十六进制数前显示前导 0，0x
l	在 d，o，x，u 前，指定输出精度为 long 型
	在 e，f，g 前，指定输出精度为 double 型

例题 3-1：printf()函数中格式转换说明符%d、%c 的使用。

编程思想：熟悉 printf()函数的格式转换说明符%d、%c 和附加格式说明符，同时，还要知道，一个字符对应着一个 ASCII 码，两者一一对应。

程序如下：

```
#include <stdio.h>
int main()
{
    int num1=123,num2=123456;/*定义两个整型变量 num1,num2 并初始化*/
    long num3=123456789;/*定义一个长整型变量 num3 并初始化*/
    char ch='A' ;/*定义一个字符型变量 ch 并初始化*/
    printf("num1=%d,num2=%d\n",num1,num2);/*指定 num1,num2 输出格式为%d*/
    printf("num1=%4d,num2=%4d\n",num1,num2);/*指定 num1,num2 输出格式为%4d，控制输出宽度为 4*/
    printf("num1=%10d,num2=%10d\n",num1,num2);/*指定 num1,num2 输出格式为%10d，控制输出宽度为 10，默认右对齐*/
    printf("num1=%-10d,num2=%-10d\n",num1,num2);/*指定 num1,num2 输出格式为%-10d，控制输出宽度为 10，对齐方式为左对齐*/
    printf("num3=%ld\n",num3);/*指定 num3 输出格式为%ld,即输出一个长整型数*/
    printf("ch=%10c\n",ch,ch);/*指定ch输出格式为%10c，即输出该字符，并控制输出宽度为 10，对齐方式为左对齐*/
    printf("ch其对应的ASCII为%-10d\n",ch,ch);/*指定ch输出格式为%-10d，即对应的 ASCII 码，并控制输出宽度为 10，对齐方式为左对齐*/
    return 0;
}
```

程序运行结果如图 3-5 所示。

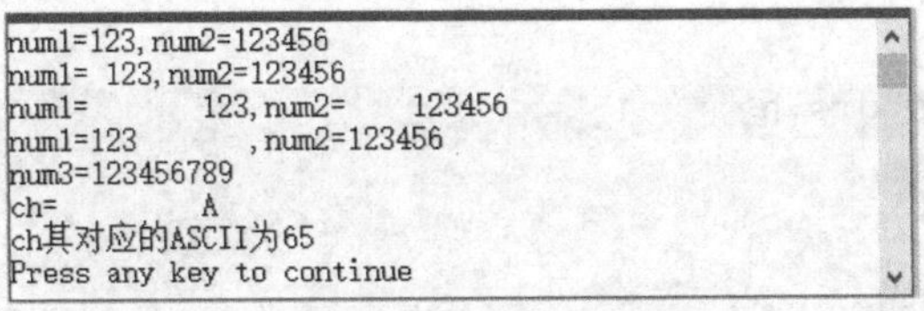
num1=123,num2=123456
num1= 123,num2=123456
num1=   123,num2=   123456
num1=123   ,num2=123456
num3=123456789
ch=   A
ch其对应的ASCII为65
Press any key to continue

图 3-5　例题 3-1 程序运行结果

注意：

（1）%d：以十进制数形式输出整数，当不指定宽度时，按整数的实际长度输出，整数有几位就输出几位。

（2）%nd：n 为指定的输出宽度。如果整数的位数小于 n，则左侧补空格；如果整数的位数大于 n，则按实际的位数输出。

（3）%ld：输出长整型。长整型的输出也可以指定输出宽度，即%nld。这里 n 与%nd 中的 n 意义相同。

例题 3-2：printf()函数中使用格式转换说明符实现进制间的转换。

编程思想：熟悉 printf()函数的格式转换说明符%d、%x、%o 和附加格式说明符，输出符合要求的数据。

程序如下：

```
#include <stdio.h>
int main()
{
    int num=123; /*定义一个整型变量 num 并初始化*/
    printf("num 对应的十进制表示是%6d\n",num);  /*指定 num 输出格式为%d，控制输出宽度为 6 个字符，右对齐*/
    printf("num 对应的十六进制表示是%6x\n",num); /*指定 num 输出格式为%6x，即输出 num 的十六进制表示，并控制输出宽度为 6 个字符，右对齐*/
    printf("num 对应的八进制表示是%6o\n",num);/*指定 num1,num2 输出格式为%6o，即输出 num 的八进制表示，并控制输出宽度为 6 个字符，右对齐*/
    return 0;
}
```

程序运行结果如图 3-6 所示。

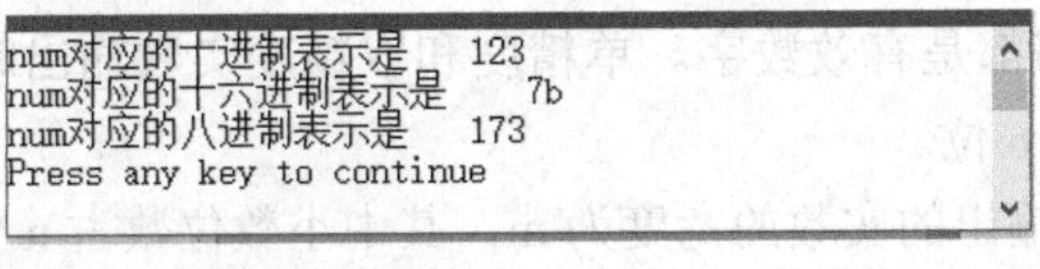
num对应的十进制表示是   123
num对应的十六进制表示是   7b
num对应的八进制表示是   173
Press any key to continue

图 3-6　例题 3-2 程序运行结果

例题 3-3：printf()函数中使用格式转换说明符输出实数。

编程思想：熟悉 printf()函数的格式转换说明符%e、%f、%g 和附加格式说明符，输出符合要求的数据。

程序如下：

```
#include <stdio.h>
int main()
{
    float num1=123.456;/*定义一个单精度浮点型变量num1并初始化*/
    double  num2=123456789012.123456789;/*定义一个双精度浮点型变量 num2并初始化*/
    printf("num1对应的指数形式是%e\n",num1);/*指定num1输出格式为%e*/
    printf("num1 对应的指数形式是%10.1e\n",num1);/*指定 num1 输出格式为%10.1e，即输出该数的指数形式，控制输出宽度为 10 个字符，小数点后保留 1 位有效数字，默认右对齐*/
    printf("num1 对应的小数形式是%f， num2 对应的小数形式是%f\n",num1,num2);/*指定num1输出格式为%f*/
    printf("num1 对应的小数形式是%10.1f\n",num1);/*指定 num1 输出格式为%10.1f，即输出该数的小数形式，控制输出宽度为 10 个字符，小数点后保留 1 位有效数字，默认右对齐*/
    printf("num2 对应的小数形式是%-10.1lf\n",num2);/*指定 num2 输出格式为%-10.1lf，即输出 num2 的小数形式，并控制输出宽度为 10 个字符，小数点后保留 1 位有效数字，左对齐*/
    return 0;
}
```

程序运行结果如图 3-7 所示。

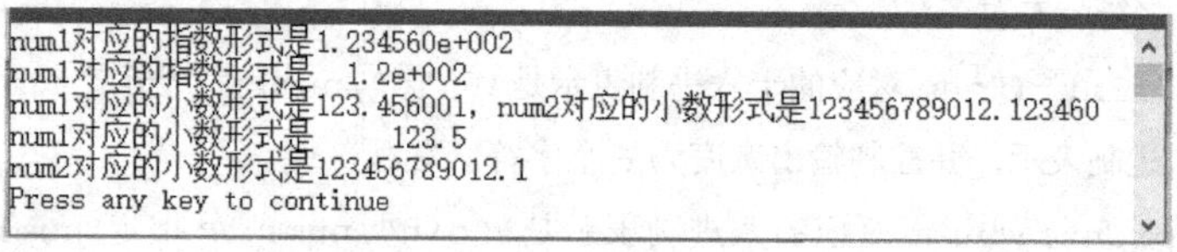
num1对应的指数形式是1.234560e+002
num1对应的指数形式是   1.2e+002
num1对应的小数形式是123.456001, num2对应的小数形式是123456789012.123460
num1对应的小数形式是   123.5
num2对应的小数形式是123456789012.1
Press any key to continue

图 3-7　例题 3-3 程序运行结果

注意：

实型常量不论是单精度，还是双精度，都按双精度 double 型处理。

（1）%f：不指定宽度，由系统自动指定，整数部分全部输出，小数部分输出 6 位。实数输出数字并非全部都是有效数字。单精度和双精度实数输出时无论小数部分有多少位，默认输出时只输出 6 位。

（2）%m.nf：指定输出的实数的宽度为 m，其中小数位数占 n 位。如果实际长度小于 m，则在左边补空格。

（3）%-m.nf：指定输出的实数的宽度为 m，其中小数位数占 n 位。如果实际长度小于 m，则在右边补空格。

（4）%e：不指定输出数据所占的宽度和数字部分的小数位数，由系统指定给出的 6 位小数，指数部分占 5 位，其中“e”占 1 位，指数符号（+或−）占 1 位，指数占 3 位。按规范化指数形式输出，即小数点前面只有 1 位非零数字。

（5）%m.ne：指定输出位共占 m 列，n 为小数的位数。如果实际长度小于 m，则左侧补空格；如果实际长度大于 m，则只输出 m 位，其他按四舍五入处理。

（6）%m.ne：指定输出位共占 m 列，n 为小数的位数。如果实际长度小于 m，则右侧补空格；如果实际长度大于 m，则只输出 m 位，其他按四舍五入处理。

> **☆直通在线课**
>
> “格式化输出函数——printf”这部分内容在在线课中给大家提供了丰富多样的学习资料。

2. 字符输出函数 putchar()

putchar()函数的作用是向终端输出一个字符。putchar()函数的一般格式如下：

```
putchar(ch);
```

注意：

（1）参数 ch 可以是字符常量、变量或表达式。

（2）返回值：语句执行正常，返回输出该字符；语句执行出错，返回 EOF(-1)。

例题 3-4：putchar()函数输出一个字符。

编程思想：熟悉 putchar()函数的用法，每一个字符都对应一个 ASCII 码，即一个整数，所以以字符形式输出该整数，同样能够输出字符。

程序如下：

```
#include <stdio.h>
int main()
{
    char ch='A';/*定义一个字符变量 ch 并初始化*/
    int num=65;/* 定义一个整型变量 num 并初始化*/
    putchar(ch);/*利用 putchar()函数输出字符变量 ch*/
    printf("\n");/*输出回车换行符*/
    putchar(num);/*利用 putchar()函数输出整型变量 num 对应的字符*/
    printf("\n");/*输出回车换行符*/
    return 0;
}
```

程序运行结果如图 3-8 所示。

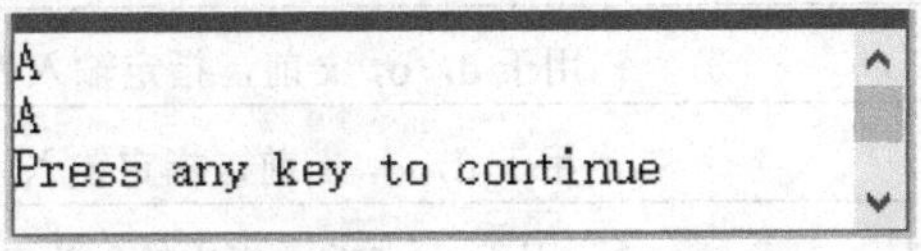
A
A
Press any key to continue

图 3-8　例题 3-4 程序运行结果

3.2.2 数据的输入

scanf()函数

1. 格式输入函数 scanf()

数据的格式化输入函数是 scanf()，其作用是从标准的输入设备（通常指键盘）读入数据，并按指定格式将其存储到地址表中对应的存储单元中，并按回车键结束。scanf()函数的一般格式如下：

```
scanf("格式控制字符串", 地址项列表);
```

说明：

（1）格式控制字符串用于指定输入数据的格式，可以包括“格式控制符”和“普通字符”，其中“格式控制符”以“%”字符开始，后跟格式控制符和附加格式说明符，“普通字符”则按原样输入。表 3-3 给出了 scanf()函数中常用的格式字符，表 3-4 给出了 scanf()函数中常用的附加格式说明符（修饰符）。

（2）地址项列表是由若干待输入的内存单元地址组成的表列，地址项之间用逗号分开。该地址可以是变量的地址或字符串的首地址，作用是存放输入的数据。在 C 语言中，变量的地址由取地址运算符“&”加上变量名构成。

（3）输入项的个数要与格式控制符的个数相同，否则会显示输出异常。

（4）在输入多个数值数据时，若格式控制串中没有非格式字符作为输入数据之间的间隔，则可用空格、Tab 或回车作间隔。

（5）返回值：语句执行正常，返回输入数据个数。

表 3-3 scanf()函数中常用的格式字符

格式字符	说 明
%d	用来输入带符号的十进制整数
%o	用来输入带符号的八进制整数
%x	用来输入带符号的十六进制整数
%u	用来输入不带符号的十进制整数
%c	用来输入单个字符
%s	用来输入字符串
%f	用来输入单精度浮点型数据

表 3-4 scanf()函数中常用的附加格式说明符（修饰符）

修饰符	功 能
m	指定输入数据的宽度，遇空格或不可转换字符则结束
h	用于 d，o，x 前，指定输入为 short 型整数
l	用于 d，o，x 前，指定输入为 long 型整数
	用于 e，f 前，指定输入为 double 型实数
*	抑制符，指定输入项读入后不赋值给变量

例题 3-5：利用 scanf()函数从键盘接收一个字符并输出该字符。

编程思想：熟悉 scanf()函数的用法，掌握基本语法。

程序如下：

```
#include <stdio.h>
int main()
{
    char ch;/*定义一个字符变量 ch*/
    printf("请输入一个字符:");
    scanf("%c",&ch);/*利用 scanf()函数接收键盘输入，并赋值给字符变量 ch*/
    printf("ch=");
    putchar(ch);/*利用 putchar()函数输出变量 ch*/
    printf("\n");/*输出回车换行符*/
    return 0;
}
```

程序运行结果如图 3-9 所示。

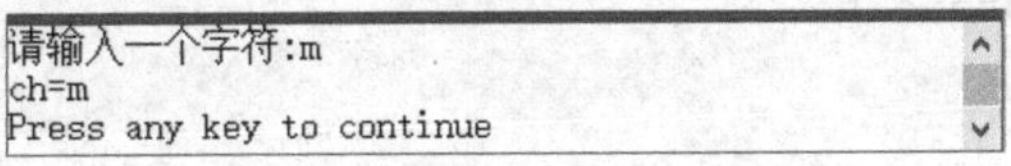
请输入一个字符:m
ch=m
Press any key to continue

图 3-9　例题 3-5 程序运行结果

例题 3-6：利用 scanf()函数从键盘接收三个整型数据并输出。

编程思想：熟悉 scanf()函数的用法，掌握利用 scanf()从键盘接收多个数据时，录入的注意事项。

程序如下：

```
#include <stdio.h>
int main()
{
    int num1,num2,num3;/*定义一个字符变量 ch*/
    printf("请输入 3 个整型数据:");
    scanf("%d%d%d",&num1,&num2,&num3);/*利用 scanf()函数接收 3 个整型数据，并分别赋值给 num1,num2,num3*/
    printf("num1=%d,num2=%d,num3=%d\n",num1,num2,num3);/* 利 用 printf()函数输出变量 num1,num2,num3 的值*/
    return 0;
}
```

程序运行结果如图 3-10 所示。

请输入3个整型数据:1 2 3
num1=1,num2=2,num3=3
Press any key to continue

图 3-10　例题 3-6 程序运行结果

注意：

在 scanf()函数中，格式控制字符之间可以用任何字符隔开，相应地，在输入时各数据之间也要用与此相同的字符隔开。如果格式控制符中没有任何分隔符（例 3-6 中没有使用分隔符），则输入数据时，各数据之间可以使用一个或多个空格键、回车键、Tab 键来分隔。

例 3-6 可以采用如图 3-11 所示的几种形式输入。其运行结果都是相同的。

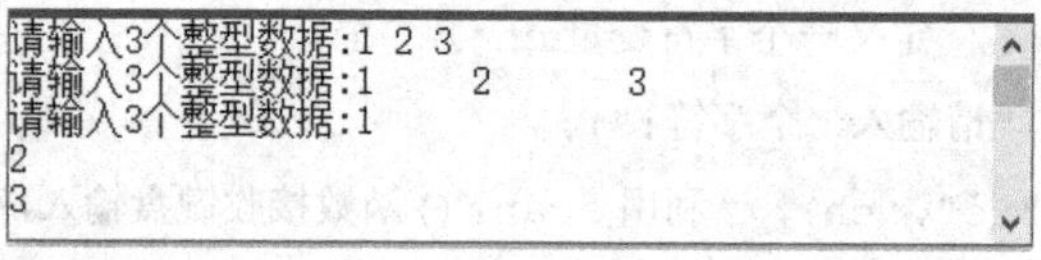
请输入3个整型数据:1 2 3
请输入3个整型数据:1   2   3
请输入3个整型数据:1
2
3

图 3-11　几种输入形式

例题 3-7：利用 scanf()函数从键盘接收三个字符并输出。

编程思想：熟悉 scanf()函数的用法，掌握利用 scanf()从键盘接收多个字符数据时，录入的注意事项。

程序如下：

```
#include <stdio.h>
int main()
{
    char ch1,ch2,ch3;/*定义 3 个字符变量 ch1,ch2,ch3*/
    printf("请输入 3 个字符:");
    scanf("%c%c%c",&ch1,&ch2,&ch3);/*利用 scanf()函数接收 3 个字符常量，并分别赋值给字符变量 ch1,ch2,ch3*/
    printf("ch1=%c,ch2=%c,ch3=%c\n",ch1,ch2,ch3);/*利用 printf()函数输出变量 ch1,ch2,ch3 的值*/
    return 0;
}
```

程序运行结果如图 3-12 所示。

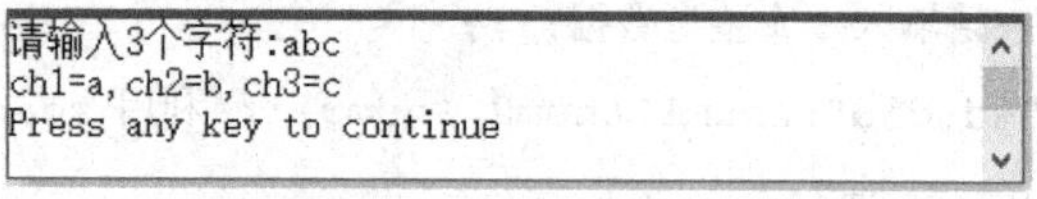
请输入3个字符:abc
ch1=a, ch2=b, ch3=c
Press any key to continue

图 3-12　例题 3-7 程序运行结果

注意：

scanf()函数用%c 作格式控制字符时，输入的任何字符均被当作有效的输入。如图 3-13 所示，输入字符中的空格也被认为是有效的输入。

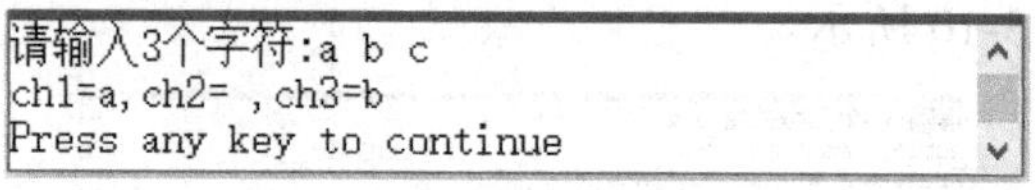
请输入3个字符:a b c
ch1=a, ch2= , ch3=b
Press any key to continue

图 3-13　字符中输入空格

为了避免上述情况的发生，在使用 scanf()函数接收多个字符时，可以抑制赋值，即在百分号%之后，转换控制字符之前加上一个星号*时，scanf()函数将正常读入对应数据，但不赋值。例如，“%*c”将抑制一个输入的字符，则例 3-7 中第 6 行代码可以改成如下代码，其他行不变。

```
6        scanf("%c%*c%c%*c%c",&ch1,&ch2,&ch3);/*利用scanf()函数接收3个字符常量，并分别赋值给字符变量ch1,ch2,ch3,中间加入了抑制赋值*/
```

当输入字符时，各输入值间就需要加入一个分隔字符，如图 3-14 所示。

```
请输入3个字符:a b c
ch1=a,ch2=b,ch3=c
Press any key to continue
```

图 3-14　加入分隔字符

> **☆直通在线课**
>
> “格式输入函数——scanf”这部分内容在在线课中给大家提供了丰富多样的学习资料。

2. 字符输入函数 getchar()

getchar ()函数的作用是从标准的输入设备（通常指键盘）读入一个字符，其一般格式如下：

```
getchar();
```

说明：

（1）返回值：语句执行正常，返回该字符 ASCII 码值；语句执行出错，返回 EOF(-1)。

（2）可以将读取到的字符赋值给字符变量或整型变量。

例题 3-8：利用 getchar()函数从键盘接收一个字符并输出。

编程思想：熟悉 getchar()函数的用法，掌握利用 getchar()从键盘接收一个字符数据，并使用 putchar()函数输出。

程序如下：

```
#include <stdio.h>
int main()
{
    char ch;/*定义3个字符变量ch1,ch2,ch3*/
    printf("请输入一个字符:");
    ch=getchar();/*利用getchar()函数接收1个字符常量，并分别赋值给字符变量ch*/
    printf("接收到的ch=");
    putchar(ch);/*利用putchar()函数输出变量ch的值*/
    printf("\n");/*利用printf()函数输出回车换行符*/
    return 0;
}
```

程序运行结果如图 3-15 所示。

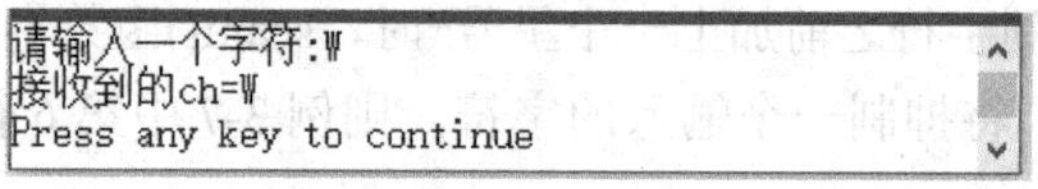
请输入一个字符:W
接收到的ch=W
Press any key to continue

图 3-15　例题 3-8 程序运行结果

3.3　学以致用

例题 3-9：从键盘输入一个字符，输出其对应的 ASCII 码。

编程思想：计算机基础的课程中讲到，一个字符对应着一个 ASCII 码。

程序如下：

```
#include <stdio.h>
int main()
{
    char ch;/*ch 用来接收从键盘输入的字符*/
    printf("请输入一个字符:");
    ch=getchar();
    printf("%c--->%d\n",ch,ch);
    return 0;
}
```

程序运行结果如图 3-16 所示。

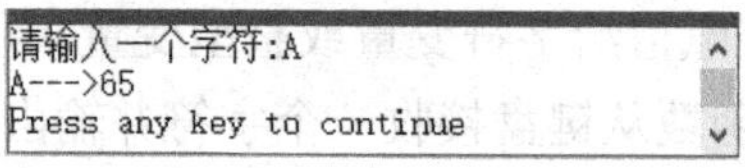
请输入一个字符:A
A--->65
Press any key to continue

图 3-16　例题 3-9 程序运行结果

例题 3-10：从键盘输入一个大写字母，输出其对应的小写字母。

编程思想：计算机基础课程中讲到，同一个字母的小写字母比大写字母的 ASCII 码大 32。所以要想求出某一字母的小写字母，只需要在其大写字母的基础上加 32 即可。

程序如下：

```
#include <stdio.h>
int main()
{
    char  c1,c2;/*c1 用来接收从键盘输入的大写字母，c2 用来存放将 c1 转换后其对应的小写字母*/
    printf("请输入一个大写字母：",c1);
    c1=getchar();/*利用 getchar()函数初始化变量 c1*/
    printf("c1=%c\n",c1);
```

```
        c2=c1+32;
        printf("%c 对应的小写字母是%c\n",c1,c2);/*利用 printf()函数输出变量
c1，c2 的值*/
        return 0;
    }
```

程序运行结果如图 3-17 所示。

```
请输入一个大写字母：S
c1=S
S对应的小写字母是s
Press any key to continue
```

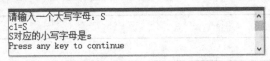

图 3-17　例题 3-10 程序运行结果

例题 3-11：有三个小朋友甲乙丙，每个人手中有一定数量的糖果。现在，他们做一个游戏。从甲开始，将自己的糖果分成三份，自己留一份，其余两份分别给乙与丙，多余的糖果自己吃掉，然后乙与丙也按照此规则这样做。问：最后甲、乙、丙各有多少粒糖果？

编程思想：甲乙丙三人的糖果数从键盘输入，在游戏过程中每个小朋友的糖果数是在变化的。因此可用 a、b、c 三个变量分别存放甲乙丙三个小朋友在某一时刻所拥有的糖果数量。对于每个人，分糖后，他的糖果数量会变为原来糖果数量的 1/3。

程序如下：

```
#include <stdio.h>
int main()
{
    int a,b,c;/*a,b,c 用来接收从键盘输入的甲乙丙三人的糖果数 */
    printf("请输入甲乙丙三人所拥有的糖果数量:\n");
    scanf("%d%d%d",&a,&b,&c);
    a=a/3;b=a+b;c=a+b;
    b=b/3;a=a+b;c=b+c;
    c=c/3;a=a+c;b=b+c;
    printf("甲乙丙三人最后剩的糖果数分别是%d，%d，%d。",);
    return 0;
}
```

程序运行结果如图 3-18 所示。

```
请输入甲乙丙三人所拥有的糖果数量:10 12 7
甲乙丙三人最后剩的糖果数分别是15， 12， 7
Press any key to continue
```

图 3-18　例题 3-11 程序运行结果

3.4 在线课程学习

一、学习收获及存在的问题

本章学习收获：

存在的问题：

二、“课堂讨论”问题与收获

“课堂讨论”问题：

“课堂讨论”收获：

三、“老师答疑”问题与收获

“老师答疑”问题：

“老师答疑”收获：

四、"综合讨论"问题与收获

"综合讨论"问题：

____

____

____

"综合讨论"收获：

____

____

____

五、"测验与作业"收获与存在的问题

"测验与作业"收获：

____

____

____

"测试与作业"存在的问题：

____

____

____

我们学到了什么

本章介绍了结构化程序设计的基本思想，顺序结构是结构化程序设计中最简单的一种结构，其基本特点就是按照语句出现的先后顺序，从上到下按顺序执行。C语言中没有输入/输出语句，程序的输出功能是由标准库函数 putchar()和 printf()实现的，程序的输入功能是由标准库函数 getchar()和 scanf()实现的，其中 getchar()和 putchar()函数主要用来操作字符数据，而 scanf()和 printf()函数既可以操作字符数据，又可以操作非字符数据。

牛刀小试——练习题

一、填空题

1．C语言中用于结构化程序设计的三种基本结构分别是__________、__________、__________。

2．正确执行语句：int k=6;printf("%d",k++); 后，变量 k 的值为____________。

3．已知大写字母 A 的 ASCII 码是 65，小写字母 a 的 ASCII 码是 97，将变量 c 中的大写字母转换为小写字母的语句是____________。

4．在输入字符数据时，若“格式控制字符串”中没有非格式字符，则认为所有输入的字符均为____________字符。

5．在 scanf()函数中，____________表示变量 m 的地址。

二、选择题

1．以下程序段的输出结果为（　　）。

语句：`int a=10; printf("%d",a++);`

A．11　　　　B．10

C．12　　　　D．9

2．转换说明符%o 的输出形式是（　　）。

A．十进制　　　　B．八进制

C．十六进制　　　　D．二进制

3．以下程序段的输出结果为（　　）。

语句：`printf("%5.3f\n",123456.87654321);`

A．123456.876　　　　B．123456.877

C．23456.876　　　　D．123456.876543

4．用小数或指数形式输入实数时，在 scanf()函数里不可以使用哪一个格式说明字符？（　　）。

A．i　　　　B．F

C．e　　　　D．g

三、程序分析题

1．有以下程序，分析其输出结果。

```
#include <stdio.h>
int main()
{
        int a=11,b=11;
        a+=b-=a/=b*=3;
        printf("a=%d,b=%d",a,b);
        return 0;
}
```

程序运行后的输出结果是_______。

2．有以下程序，分析其输出结果。

```
#include <stdio.h>
int main()
{
        char ch='C'+10;
```

```
        printf("ch=%c",ch);
        return 0;
}
```

程序运行后的输出结果是________。

四、编写程序

1．输入一个圆的半径，分别求圆的周长和面积。

2．从键盘输入一个小写字母，输出其对应的大写字母及该大写字母的 ASCII 值。

3．从键盘输入一个两位数，编程计算该两位数的各位和并输出。

4．编写程序，从键盘接收两个值，分别存放在变量 num1 和 num2 中，要求通过程序交换它们的值。

第 4 章　人生的路不止一条——选择结构

引　入

“条条大路通罗马”，成功的路从来不止一条，我们没有必要一条道走到黑，当途中发现道路不通时，我们便没有相信“坚持就会成功”的理由。此时，最好的选择反而是由现状出发，重新找到一条更适合的路。选择结构是实现结构化程序设计的三大结构之一。选择结构判断给定的表达式，根据判断的结果来控制程序的流程。

本章主要知识点

◎ 关系运算符与关系表达式。

◎ 逻辑运算符与逻辑表达式。

◎ 条件运算符。

◎ if 语句及 switch 多分支选择结构。

本章难点

◎ if 语句的使用。

◎ switch 多分支选择结构的使用。

4.1　关系运算符与关系表达式

关系运算符与关系表达式

关系运算符也称“比较运算符”，主要用于比较两个操作数的值的大小，以判断其比较的结果是否符合给定的条件。关系运算符的优先级低于算术运算符，高于赋值运算符。表 4-1 列出了 C 语言中的 6 种关系运算符及其运算级别和结合方向。

用关系运算符将两个表达式连接起来构成的表达式称为关系表达式。表达式的值是一个逻辑值，即“真”或“假”。在 C 语言中，“真”用“1”表示，“假”用“0”表示。

表 4-1 关系运算符

关系运算符	含义	运算级别		结合方向
<	小于	6	高	自左至右
<=	小于等于			
>	大于			
>=	大于等于		低	
==	等于	7		
!=	不等于			

例题 4-1：已知 a=1，b=2，c=3，计算表达式（a>10）、（a>b）、（a=b<c）、（a>b>c）的值。

编程思想：本例主要考查关系运算符的使用。通过关系运算符的学习，当表达式的判断成立时，表达式的结果为真，用 1 表示；不成立时，表达式的结果为假，用 0 表示。本题中，a=1，b=2，c=3，则 a>10 不成立，结果为假，用 0 表示；a>b 不成立，表达式的结果为假，用 0 表示。a=b<c，关系运算符的优先级高于赋值运算符，已知 b=2，c=3，先计算 b<c，成立，结果为真，用 1 表示；再将结果 1 赋值给变量 a，所以 a=1，则表达式 a=b<c 的结果也为 1。a>b>c，主要考查的是运算符的结合性，关系运算符的结合性都是自左至右，所以先算 a>b，已知 a=1，b=2，则 a>b 不成立，结果为假，用 0 表示；再将结果 0 和 c 进行比较，c=3，则 0>c 不成立，结果为假，则整个表达式 a>b>c 的结果为假，用 0 表示。

程序如下：

```
#include <stdio.h>
int main()
{
    int a=1,b=2,c=3; /*a,b,c 三个变量用来存储三个整型数据 1，2，3*/
    int  result1,result2,result3,result4;  /*  result1,  result2, result3, result4 四个变量用来存储（a>10)、(a>b)、(a=b<c)、(a>b>c)的值*/
    result1=(a>10);
    result2=(a>b);
    result3=(a=b<c);
    result4=(a>b>c);
    printf("%d,%d,%d,%d\n", result1,result2,result3,result4);
    return 0;
}
```

程序运行结果如图 4-1 所示。

0,0,1,0
Press any key to continue

图 4-1 例题 4-1 程序运行结果

4.2 逻辑运算符与逻辑表达式

逻辑运算符与
逻辑表达式

逻辑运算符，主要用来对操作数进行逻辑操作。逻辑运算符主要包括逻辑非（!）、逻辑与（&&）和逻辑或（||）三种。表 4-2 中列出了逻辑运算符，逻辑非的优先级最高，逻辑或的优先级最低。与算术运算符相比，除逻辑非外，其他逻辑运算符的优先级都低于算术运算符。

表 4-2　逻辑运算符

逻辑运算符	含 义	运算级别		结合方向
!	逻辑非	2	高	自右向左
&&	逻辑与	11		自左至右
||	逻辑或	12	低	自左至右

用逻辑运算符将表达式连接起来构成的式子称为逻辑表达式。逻辑表达式的值是“真”或“假”两个值，其中，“真”用 1 表示，“假”用 0 表示。“逻辑非”运算符“!”执行的是取反操作，即当表达式的值为真时，取反后的结果为假，用 0 表示；反之，当表达式的值为假时，取反后的结果为真，用 1 表示。“逻辑与”运算符“&&”执行的是“与”运算，在一个或多个“逻辑与”连接的表达式中，只有当所有操作数的值都为真时，整个表达式的结果为真，用 1 表示；自左至右计算，只要一个操作数的值为 0，就不必进行后面的“逻辑与”运算，整个表达式的值为假，用 0 表示。“逻辑或”运算符“||”执行的是“或”运算，自左至右计算，只要有一个操作数的值为真，整个表达式的结果就为真，用 1 表示，换句话说，只有所有操作数的值都为假时，整个表达式的结果才为假，用 0 表示。表 4-3 给出了逻辑运算符的真值表。

表 4-3　逻辑运算符的真值表

操作数 a	操作数 b	! a	a&&b	a||b
真	真	假	真	真
真	假	假	假	真
假	真	真	假	真
假	假	真	假	假

例题 4-2：已知 x=11，y=12，z=0，计算表达式!x、x&&y、(x==y)||(z++)的值。

编程思想：通过逻辑运算符的学习，x=11，x 值为真，则!x 为假，用 0 表示。x 的值为真，y 的值为真，则 x&&y 的值为真，用 1 表示。x=11，y=12，则 x==y 不成立，结果为 0；对于表达式(x==y)||(z++)，则需要继续判断第二个操作数 z++，先利用 z 的值参与逻辑或（||）计算，则整个表达式(x==y)||(z++)的结果为 0；又因为 z=0，则执行完表达式的

计算后，z 的值由 0 变成了 1。

程序如下：

```
#include <stdio.h>
int main()
{
    int x=11,y=12,z=0; /*a,b,c 三个变量用来存储三个整型数据 1, 2, 3*/
    int result1,result2,result3; /* result1,result2,result3 三个变量
用来存储 (!x)、(x&&y)、(x==y) || (z++)) 的值*/
    result1=(!x);
    result2=(x&&y);
    result3=(x==y)||(z++);
    printf("%d,%d,%d \n", result1,result2,result3);
    return 0;
}
```

程序运行结果如图 4-2 所示。

0,1,0
Press any key to continue

图 4-2　例题 4-2 程序运行结果

例题 4-3：从键盘接收 x，y，z 的值，计算表达式!x||y++||z，及表达式执行后 x，y，z 的值。

编程思想：本例主要考查“逻辑非”“逻辑或”运算符的优先级和结合性。

程序如下：

```
#include <stdio.h>
int main()
{
    int x,y,z,result; /*x,y,z 三个变量用来存储三个整型数据,result 变量用来
存储!x||y++||z 的值*/
    printf("请输入三个整数: ");
    scanf("%d%d%d",&x,&y,&z);/*从键盘接收三个整数并分别赋值给变量 x,y,z*/
    result=(!x||y++||z);
    printf("!x||y++||z 的值为%d,x=%d,y=%d,z=%d\n",result,x,y,z);
    return 0;
}
```

表达式!x||y++||z--中，“逻辑非”运算符、自增运算符优先级相同，都高于“逻辑或”运算符。当 x=1，y=2，z=3，“逻辑或”运算符的结合性为自左至右。表达式!x||y++||z 中，“逻辑或”运算由 3 个操作数组成，先算!x，x 值为真，则!x 为假，用 0 表示；接着

计算第二个操作数 y++，已知 y=2，则先用 y 的值 2 参与计算，第二个操作数的值为 2，用 1 表示，则整个表达式!x||y++||z 的结果为 1，y 的值增加 1；第三个操作数不执行，则 z 的值不变。

程序运行结果如图 4-3 所示。

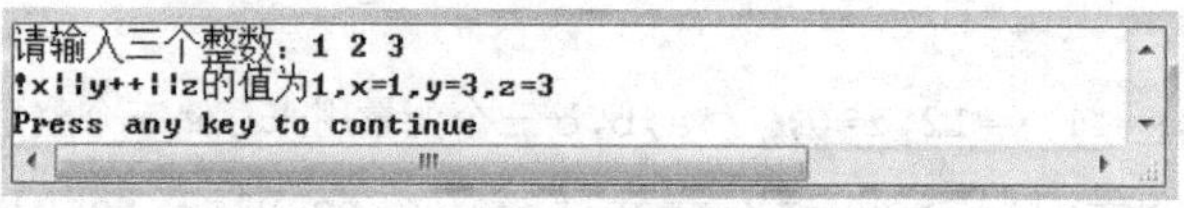

图 4-3　例题 4-3 程序运行结果 1

当 x=0，y=2，z=3 时，在表达式!x||y++||z--中，先算!x，x 值为假，则!x 为真，用 1 表示，则整个表达式!x||y++||z--的结果为 1；第二、三个操作数不执行，则 y，z 的值不变。

程序运行结果如图 4-4 所示。

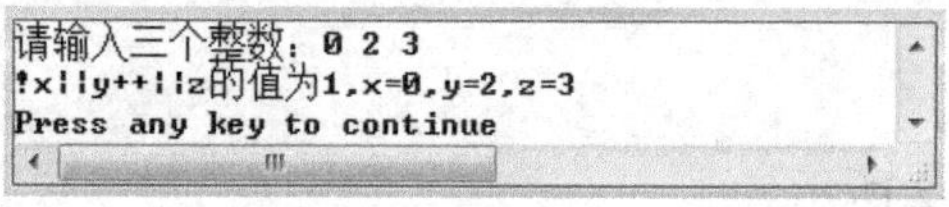

图 4-4　例题 4-3 程序运行结果 2

例题 4-4： 从键盘接收 x，y，z 的值，计算表达式 x&&!y&&z--及表达式执行后 x，y，z 的值。

编程思想：本例主要考查“逻辑非”“逻辑与”运算符的优先级和结合性。

程序如下：

```
#include <stdio.h>
int main()
{
    int x,y,z,result; /*x,y,z 三个变量用来存储三个整型数据,result 变量用来存储 x&&!y&&z--的值*/
    printf("请输入三个整数：");
    scanf("%d%d%d",&x,&y,&z);/*从键盘接收三个整数并分别赋值给变量 x,y,z*/
    result=(x&&!y&&z--);
    printf("x&&!y&&z--的值为%d,x=%d,y=%d,z=%d\n",result,x,y,z);
    return 0;
}
```

表达式 x&&!y&&z--中，“逻辑非”运算符、自增运算符优先级相同，都高于“逻辑与”运算符。当 x=11，y=12，z=13 时，“逻辑与”运算符的结合性为自左至右，在表达式 x&&!y&&z--中，“逻辑与”运算由 3 个操作数组成，先算 x，x 值为真，用 1 表示；接着计算第二个操作数!y，已知 y=12，则第二个操作数的值为假，用 0 表示，则整个表达式 x&&!y&&z--的结果为假，用 0 表示；第三个操作数不执行，则 z 的值不变。

程序运行结果如图 4-5 所示。

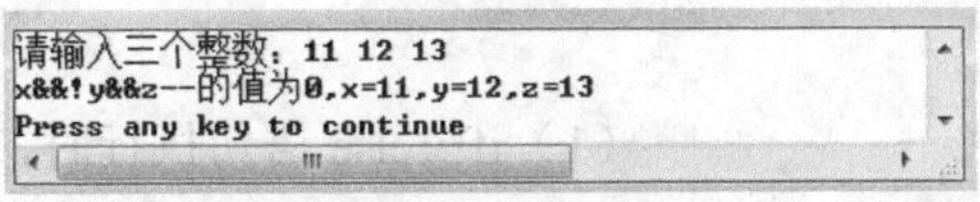

图 4-5　例题 4-4 程序运行结果 1

当 x=1，y=0，z=3 时，“逻辑与”运算符的结合性为自左至右，在表达式 x&&!y&&z--中，“逻辑与”运算由 3 个操作数组成，先算 x，x 值为真，用 1 表示；接着计算第二个操作数!y，已知 y=0，则第二个操作数的值为真，用 1 表示；接着计算第三个操作数 z--，已知 z=3，则先利用 z 的值 3 参与表达式的计算，即第三个操作数的值为 3（非零），用 1 表示，则整个表达式 x&&!y&&z--的结果为真，用 1 表示，同时，z 的值增加 1。

程序运行结果如图 4-6 所示。

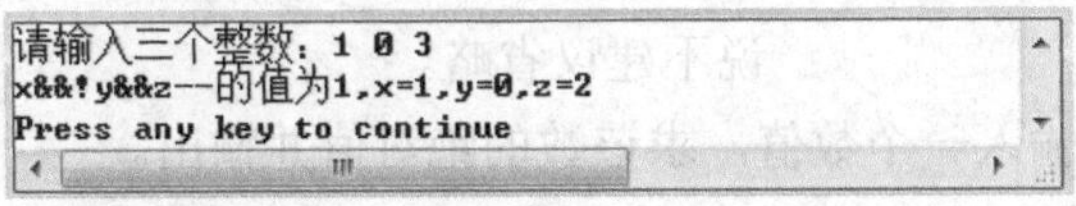

图 4-6　例题 4-4 程序运行结果 2

> **☆直通在线课**
>
> “逻辑运算符与逻辑表达式”这部分内容在在线课中给大家提供了丰富多样的学习资料。

4.3　if 语句

if 语句用来判断给定的条件是否满足，并根据判断的结果（真或假）决定执行选择结构中的哪一个分支。在 C 语言中，提供了三种形式的 if 语句。

（1）基本的 if…else 语句。

（2）if…else if 语句。

（3）if 语句的嵌套。

if 语句实现选择结构的程序设计

4.3.1　基本的 if…else 语句

基本的 if…else 语句的一般格式如下：

```
if(表达式)
{
语句块 A;
}
[else
{
语句块 B;
}]
```

说明：

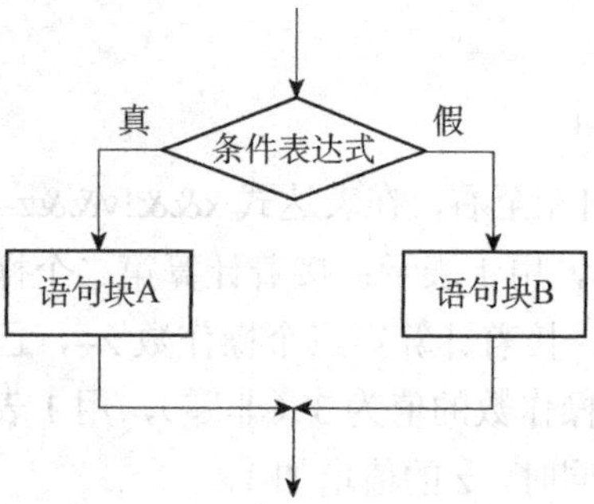

图 4-7　if…else 语句的流程图

（1）if…else 语句执行时，先判断条件表达式是否成立，当条件表达式成立时执行语句块 A，否则执行语句块 B，其执行流程如图 4-7 所示。

（2）条件表达式部分可以是任意表达式。

（3）else 分支部分可以省略，else 子句不能作为语句单独使用，必须是 if 语句的一部分，与 if 配对使用。

（4）语句块 A、语句块 B 中，如果是一条语句，"{}"可以省略，如果是多条语句，则"{}"不能省略。虽然从语法上可以省略，但是从代码规范性上来说不建议省略。

例题 4-5： 从键盘输入一个数值，求该数的绝对值并输出。

编程思想：在数学中，正数和 0 的绝对值是它本身，负数的绝对值是它的相反数。所以这里只需要处理负数的情况。

程序如下：

```
#include <stdio.h>
int main()
{
    float num,result;  /*num用来接收从键盘输入的数值,result用来存储num的绝对值*/
    printf("请输入一个数值:");
    scanf("%f",&num);
    result=num;
    if(num<0)
      result=-num;
    printf("%f 的绝对值是%f\n",num,result);
    return 0;
}
```

当输入−2 时，程序运行结果如图 4-8 所示。

图 4-8　例题 4-5 程序运行结果

例题 4-6： 从键盘输入一个年份，判断该年份是否是闰年，并输出判断结果。

编程思想：闰年要求符合以下条件：能被 4 整除但不能被 100 整除，或者能被 400 整除。一个数是否能被另外一个数整除，使用算术运算符中的取余运算符"%"来实现。

程序如下：

```
#include <stdio.h>
int main()
{
    int year; /*year 用来接收从键盘输入的年份 */
    printf("请输入一个年份:");
    scanf("%d",&year);/*从键盘接收一个年份，并赋值给 year */
    if((year%4==0&&year%100!=0)||year%400==0)
      printf("%d 是闰年\n",year);
    else
      printf("%d 是平年\n",year);
    return 0;
 }
```

当输入 2020 时，程序运行结果如图 4-9 所示。

图 4-9　例题 4-6 程序运行结果

> **☆直通在线课**
>
> “if…else 语句”这部分内容在在线课中给大家提供了丰富多样的学习资料。

4.3.2　if…else if 语句

在 C 语言中用 if…else if 语句、if…else 嵌套和 switch 语句可以实现多分支选择结构。其中 if…else if 语句的一般格式如下：

```
if(表达式 1)
{
    语句块 1;
}
else if(表达式 2)
{
    语句块 2;
}
…
else if(表达式 m)
{
    语句块 m;
}
```

```
else
{
    语句块 n;
}
```

说明：

（1）if…else if 语句执行时，从上向下计算各个表达式的值，如果某个表达式的值为真，则执行对应的语句块，并终止整个多分支结构的执行。如果上述所有表达式均不成立，即均为逻辑假时，则执行对应的 else 部分。

（2）else 部分可以省略，但一般情况下不省略；语句块 1、语句块 2、…语句块 n 中，如果是一条语句，"{}"可以省略，如果是多条语句，则"{}"不能省略。

if…else if 语句的流程图如图 4-10 所示。

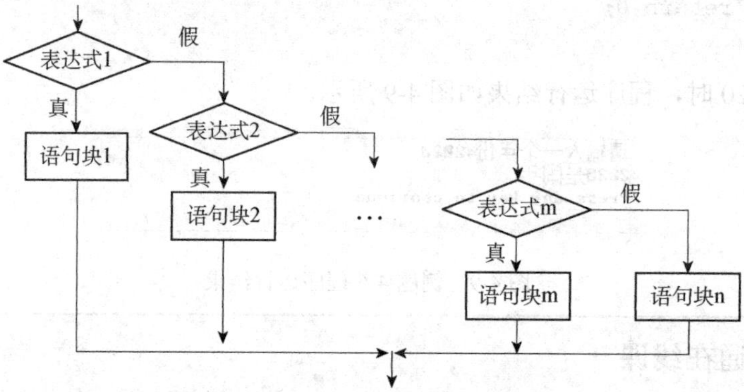

图 4-10　if…else if 语句的流程图

例题 4-7：从键盘输入一个字符，实现其大小写字母的相互转换，并输出。

编程思想：计算机基础知识中，同一个字母的小写字母比大写字母的 ASCII 码大 32，同理，同一个字母的大写字母比小写字母的 ASCII 码小 32，所以实现这一题目，只需要判断出该字母是大写字母还是小写字母即可。

程序如下：

```
#include <stdio.h>
int main()
{
     char  ch,result;  /*ch 用来接收从键盘输入的字母，result 用来存放转换后其对应的字母*/
     ch=getchar(); /*利用 getchar()函数从键盘接收一个字符并赋值给 ch*/
     if(ch>='A'&&ch<='Z')/*判断 ch 是否是大写字母*/
     {
       result=ch+32; /*ch 是大写字母，则将 ch 转换成小写字母，并输出*/
       printf("%c 对应的小写字母是%c。\n",ch,result);
     }
```

```
        else if(ch>='a'&&ch<='z')/*判断 ch 是否是小写字母*/
        {   /*ch 是小写字母，则将 ch 转换成大写字母，并输出*/
          result=ch-32;
          printf("%c 对应的大写字母是%c。\n",ch,result);
        }
        else  /*以上条件都不满足，则 ch 即不是大写字母也不是小写字母*/
        {
          printf("%c 不是字母。\n",ch);
        }
        return 0;
    }
```

程序运行结果如图 4-11 所示。

A
A对应的小写字母是a。
Press any key to continue

图 4-11　例题 4-7 程序运行结果

4.3.3　if 语句的嵌套

if 语句的嵌套

在 C 语言中，if 语句中如果包含一个或多个 if 语句，则称为 if 语句的嵌套。if 语句的嵌套的一般格式如下：

```
if(表达式)
{
   if(表达式)
   {
     语句块;
   }
   else
   {
     语句块;
   }
}
else
{
   if(表达式)
   {
     语句块;
```

```
    }
    else
    {
      语句块;
    }
}
```

说明：

（1）if 语句的嵌套可以用来实现多分支选择结构。

（2）if 与 else 后面可以包含一条或多条内嵌的操作语句，当包含多条操作语句时，要使用"{ }"将几条语句括起来成为一个复合语句。

（3）if 语句嵌套使用时，else 总是与它上面最近未配对的 if 配对。

例题 4-8： 从键盘输入一个百分制的学生分数，判断该分数是否及格；如果及格，再进一步给出成绩等级。其中：90 及以上的为优秀，80～89 分的为良好，70～79 分的为中等，60～69 分的为及格，60 分以下的为不及格，输入大于 100 或小于 0 的数时输出"输入数据错误"。

编程思想：根据题目的要求，从键盘获得的学生成绩在 0～100 分时是合法的数据，除此之外为非法数据，需要使用 if…else 语句来实现判断；当为合法学生成绩时，又分为 5 种情况，则使用 if…else if 语句实现。对应的流程图如图 4-12 所示。

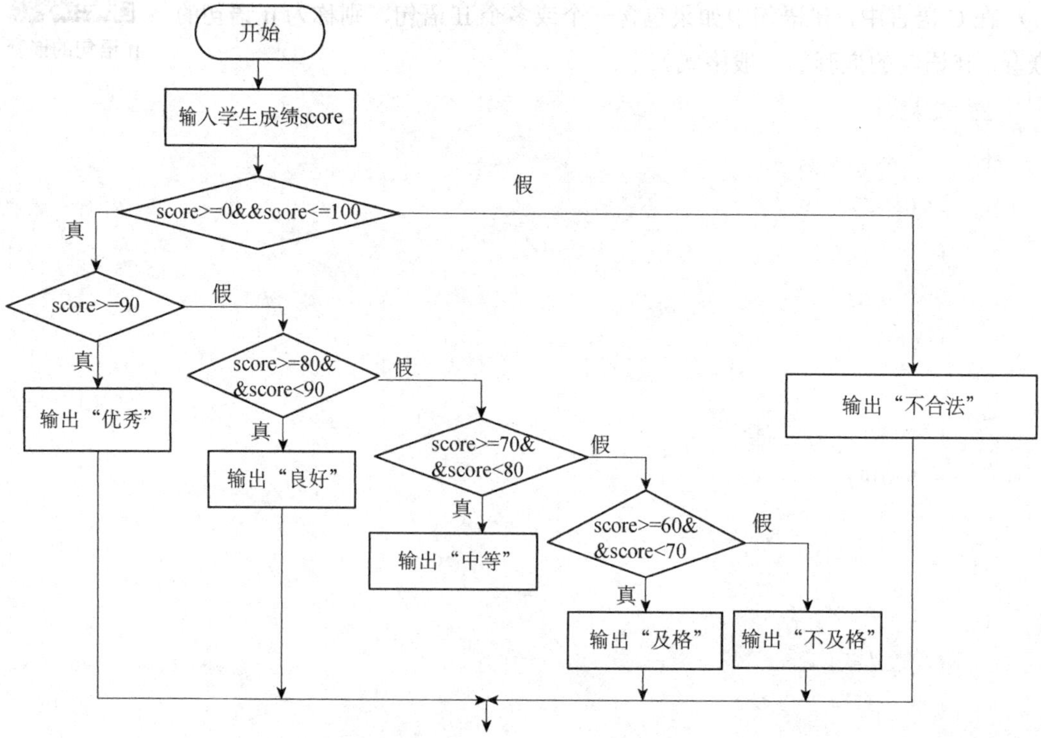

图 4-12　例题 4-8 的流程图

程序如下：

```
#include <stdio.h>
int main()
{
    float score; /*score 用来接收从键盘输入的学生成绩*/
    printf("请输入学生的成绩：");
    scanf("%f",&score);  /*利用 scanf()函数从键盘接收一个数值并赋值给变量 score */
    if(score>=0&&score<=100)/*判断 score 的值是否是合法数据*/
    {
      if(score>=90)
          printf("优秀\n");
      else if(score>=80)
          printf("良好\n");
      else if(score>=70)
          printf("中等\n");
      else if(score>=60)
          printf("及格\n");
      else
          printf("不及格\n");
    }
    else
    {
      printf("%f 不合法\n",score);
    }
    return 0;
}
```

当输入 85 时，程序运行结果如图 4-13 所示。

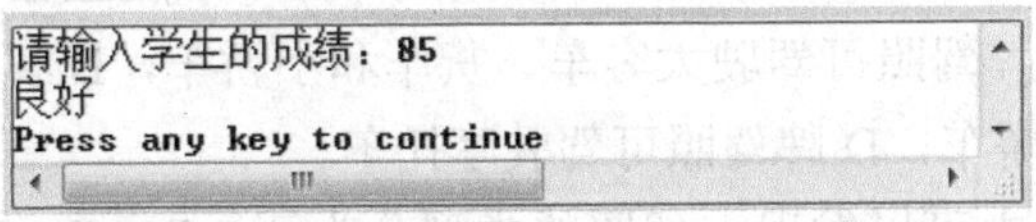
请输入学生的成绩：85
良好
Press any key to continue

图 4-13 例题 4-8 程序运行结果

☆直通在线课

“if 语句的嵌套”这部分内容在在线课中给大家提供了丰富多样的学习资料。

4.4 switch 语句

switch 多分支选择结构

在C语言中，可以使用if语句的嵌套形式来实现多分支选择结构，但是若嵌套的层数过多，程序就显得冗长且可读性差。为了满足实际问题中多分支选择结果的需要，C语言提供了switch语句，其一般格式如下：

```
switch(表达式)
{
    case 常量表达式1:
            [语句块1;][break;]
    case 常量表达式2:
            [语句块2;][break;]
    ……
    case 常量表达式m:
            [语句块m;][break;]
    [default:
            [语句块n;][break;]]
}
```

说明：

（1）switch后面的表达式只能是对整数求值，可以使用字符或整数，但不能使用实数表达式。

（2）常量表达式1，常量表达式2，…，常量表达式n是常量表达式，且值必须互不相同，否则就会出现相互矛盾的现象。

（3）在执行一个case分支后，如果欲使流程跳出switch结构，即终止switch语句执行，可以在相应的语句后加break来实现。最后一个default可以不加break语句。

（4）case后可包含多个可执行语句，且不必加“{ }”。

（5）switch语句可以嵌套，多个case可共用一组执行语句。

例题4-9：实现查询驾照可以驾驶的车辆类型。要求从键盘输入驾照的类型。驾照与准驾类型的关系是，A牌驾照可驾驶大客车、货车和小轿车，B牌驾照可驾驶货车和小轿车，C牌驾照可驾驶小轿车，D牌驾照可驾驶摩托车。

编程思想：从题目中可以发现，驾照的类型分为A、B、C、D四种，根据驾照类型的不同，驾驶人可以驾驶不同类型的车辆，这里驾照类型的可取值是字符型，符合switch多分支选择结构的要求。图4-14给出了对应的流程图。

程序如下：

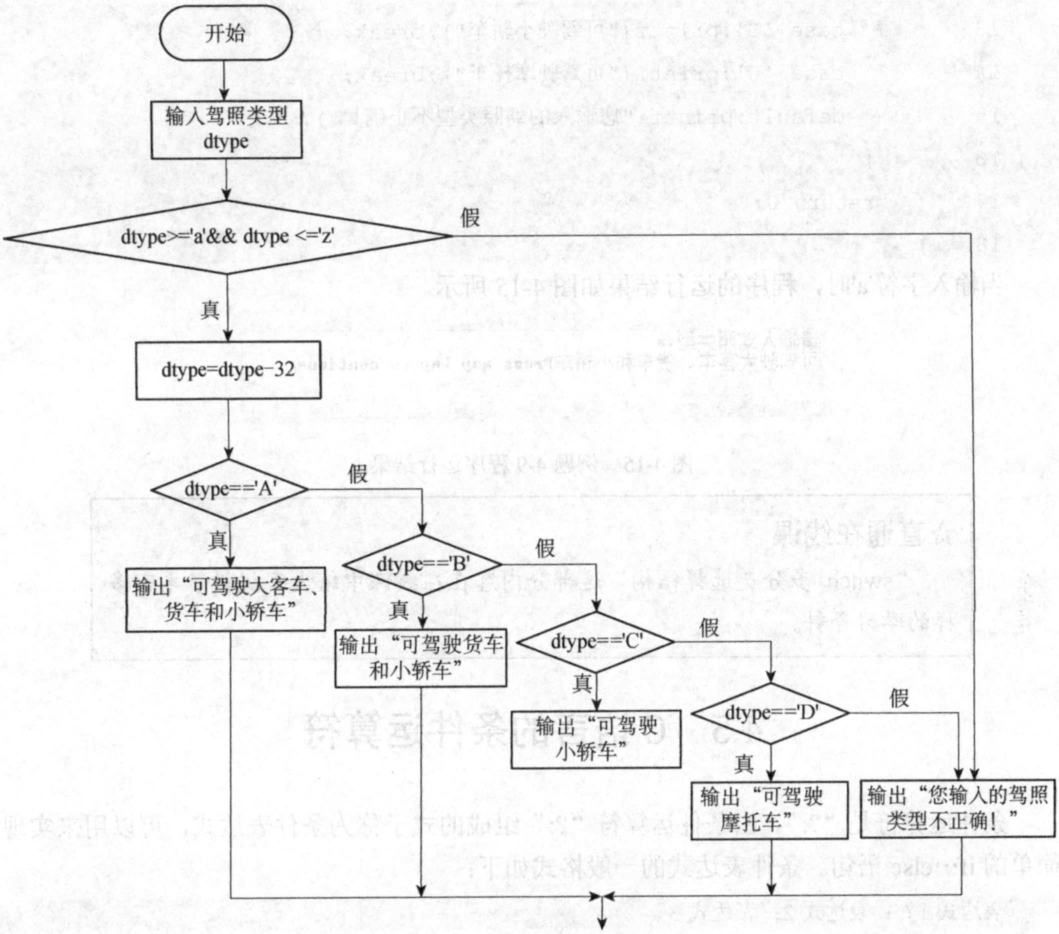

图 4-14　例题 4-9 的流程图

```
#include <stdio.h>
int main()
{
    char dtype;  /*dtype 用来接收从键盘输入的驾照类型 */
    printf("请输入驾照类型:");
    scanf("%ch",&dtype);/*利用 scanf()函数从键盘接收一个字符并赋值给变量
dtype*/
    if(dtype>='a'&& dtype <='z')  /*如果 dtype 的值是小写字母，则将 dtype
的值转换成大写字母*/
      dtype = dtype -32;
    switch(dtype)
    {
      case 'A':printf("可驾驶大客车、货车和小轿车");break;
      case 'B':printf("可驾驶货车和小轿车");break;
```

```
            case 'C':printf("可驾驶小轿车");break;
            case 'D':printf("可驾驶摩托车");break;
            default:printf("您输入的驾照类型不正确！");
        }
        return 0;
    }
```

当输入字符'a'时，程序的运行结果如图 4-15 所示。

请输入驾照类型:a
可驾驶大客车、货车和小轿车Press any key to continue

图 4-15　例题 4-9 程序运行结果

> **☆直通在线课**
>
> "switch 多分支选择结构"这部分内容在在线课中给大家提供了丰富多样的学习资料。

4.5　C 语言的条件运算符

条件运算符是"?:"。由条件运算符"?:"组成的式子称为条件表达式，可以用来实现简单的 if…else 语句。条件表达式的一般格式如下：

```
表达式 1？：表达式 2：表达式 3
```

说明：

（1）表达式 1，表达式 2，表达式 3 可以是任意表达式。

（2）条件表达式的执行过程是：先求解表达式 1，如果表达式 1 的值为真（非 0），则将表达式 2 的值作为整个表达式的值；如果表达式 1 的值为假（0），则将表达式 3 的值作为整个表达式的值。

（3）条件运算符优先级高于赋值、逗号运算符，低于其他运算符。

例题 4-10：从键盘输入两个整数，输出最大值（要求用条件表达式求解）。

编程思想：从题目中可以发现，求两个数的最大值，需要比较两个数的大小，当第一个数大于第二个数时，最大值为第一个数；否则，最大值为第二个数。

程序如下：

```
#include <stdio.h>
int main()
{
    int  num1,num2,result;  /*num1,num2 用来接收从键盘输入的两个整数，
result 用来存储 num1、num2 中的大数      */
    printf("请输入两个整数:");
```

```
    scanf("%d%d",&num1,&num2);/*利用 scanf()函数从键盘接收两个整数，并赋值给变量 num1,num2*/
    result=(num1>num2)?num1:num2;/*使用条件运算符求出最大值*/
    printf("%d 是%d,%d 中的最大值。\n",result,num1,num2);
    return 0;
}
```

当输入整数 15，20 时，程序的运行结果如图 4-16 所示。

请输入两个整数:15 20
20是15,20中的最大值。
Press any key to continue

图 4-16　例题 4-10 程序运行结果

4.6　学以致用

例题 4-11： 从键盘输入三个数，按照从小到大的顺序输出。

编程思想：这是一个典型的排序问题，采用基本的排序算法是，第一个变量的值分别和第二个变量、第三个变量的值进行比较，求出最小的数存储到第一个变量中；第二个变量的值再和第三个变量的值进行比较，求出最大的值存储到第三个变量中，最后三个变量的值就是按照由小到大的顺序存储的。这里需要一个中间变量 temp 实现两个变量值的交换。

程序如下：

```
#include <stdio.h>
int main()
{
    float a,b,c,temp; /*a,b,c 用来接收从键盘输入的三个数 */
    printf("请输入三个数值:");
    scanf("%f%f%f",&a,&b,&c);/*利用 scanf()函数从键盘接收三个数值并分别赋值给变量 a,b,c*/
    if(a>b) { temp =a;a=b;b= temp;}/*如果 a>b，则交换变量 a,b 的值*/
    if(a>c) { temp =a;a=c;c= temp;} /*如果 a>c，则交换变量 a,c 的值*/
    if(b>c) { temp =b;b=c;c= temp;} /*如果 b>c，则交换变量 b,c 的值*/
    printf("按照由小到大的顺序输出：%d,%d,%d",a,b,c);
    return 0;
}
```

当输入数值 13，20，10 时，程序的运行结果如图 4-17 所示。

图 4-17　例题 4-11 程序运行结果

例题 4-12：从键盘上输入一个三位数，判断其是否为水仙花数。

编程思想：所谓“水仙花数”是指一个三位数，其各位数字立方和等于该数本身。每个数分解出个位，十位，百位。要想求一个三位数的各位，首先使用取余运算符“%”得到个位，再使用除法运算符“/”得到高两位，则求三位数的各位就转化成了求两位数的各位；接着使用取余运算符“%”得到三位数的十位，再使用除法运算符“/”得到该三位数的百位。

程序如下：

```
#include <stdio.h>
int main()
{
    int  num,n1,n2,n3,temp;  /*num 用来接收从键盘输入的三位数，n1,n2,n3 用来存储分解出的个位，十位，百位;temp 存储中间结果*/
    printf("请输入一个三位数:");
    scanf("%d",&num);/*利用 scanf()从键盘接收一个三位数并赋值给 num*/
    n1=num%10;/* 使用取余运算符"%"得到 num 的个位*/
    temp=num/10;/* 使用除法运算符"/"得到 num 的高两位，并赋值给变量 temp*/
    n2=temp%10; /* 使用取余运算符"%"得到 temp 的个位，即 num 的十位*/
    n3=temp/10; /* 使用除法运算符"/"得到 temp 的十位，即 num 的百位*/
    if(n1*n1*n1+n2*n2*n2+n3*n3*n3==num)
      printf("%d 是水仙花数。\n",num);
    else
      printf("%d 不是水仙花数。\n",num);
    return 0;
}
```

153 是一个水仙花数，当输入数值 153 时，程序的运行结果如图 4-18 所示。

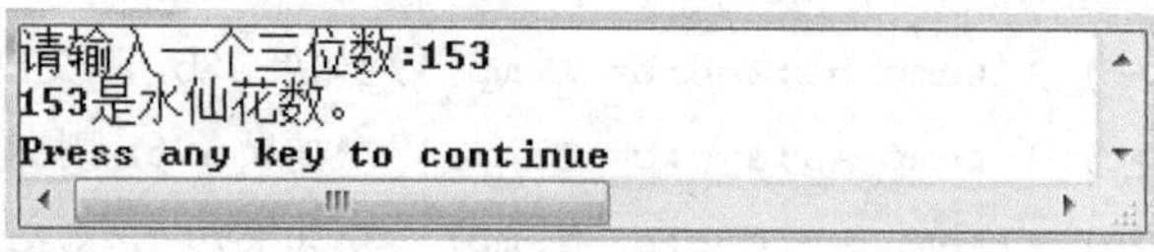

图 4-18　例题 4-12 程序运行结果

例题 4-13：从键盘输入自变量 x，编程求解分段函数值并输出。

$$y=\begin{cases}1 & (x<0)\\ 0 & (x=0)\\ -1 & (x>0)\end{cases}$$

编程思想：这是一道典型的多分支选择结构，由于分段函数中涉及多个条件，并且条件是一个取值范围，使用 if…else if 语句实现。

程序如下：

```
#include <stdio.h>
int main()
{
     float x,y; /*x 用来接收从键盘输入的自变量*/
     int y; /*y 存储计算出的函数值 */
     printf("请输入一个数值:");
     scanf("%f",&x);/*利用 scanf()从键盘接收一个数值并赋值给变量 x*/
     if(x<0)
       y=1;
     else if(x==0)
       y=0;
     else if(x>0)
       y=-1;
     printf("x 的值为：%f 时，y 的值为：%d。\n",x,y);
     return 0;
}
```

当输入数值 20 时，程序的运行结果如图 4-19 所示。

图 4-19 例题 4-13 程序运行结果

例题 4-14： 假设星期一至星期五每工作一小时的工资是 20 元，星期六和星期日每工作一小时的工资是平时的 3 倍，其中工资的 8%是税金。试编程从键盘输入星期序号（1，2，3，4，5，6，7，分别表示星期一至星期日）和工作小时数，计算该日的工资及税金。

编程思想：这是一道典型的多分支选择结构，工资采用日结的方式，根据星期（1，2，3，4，5，6，7，分别表示星期一至星期日）的变化，工资随之发生变化。星期的可取值是 1，2，3，4，5，6，7，使用 switch 语句实现。

程序如下：

```
#include <stdio.h>
int main()
{
     int week,hour, money; /*week,hour 分别用来存储从键盘输入的星期几和工作时间，money 存储该日的工资      */
```

```
    float tax;// tax 存储该日的要缴纳的税金
    printf("请输入星期与工作时间:");
    scanf("%d%d",&week,&hour);/*利用 scanf()从键盘接收输入的星期几和工作
时间，并分别赋值给变量 week,hour*/
    switch(week)
    {
      case 1:
          money=20*hour;break;
      case 2:
          money=20*hour;break;
      case 3:
          money=20*hour;break;
      case 4:
          money=20*hour;break;
      case 5:
          money=20*hour;break;
      case 6:
          money=20*hour*3;break;
      case 7:
          money=20*hour*3;break;
    }
    tax=(float)0.08*money;
    printf("该日的答税前工资内为:%d\n",money);
    printf("税金容为:%.2f\n",tax);
    return 0;
}
```

假设星期日工作了 10 小时，程序的运行结果如图 4-20 所示。

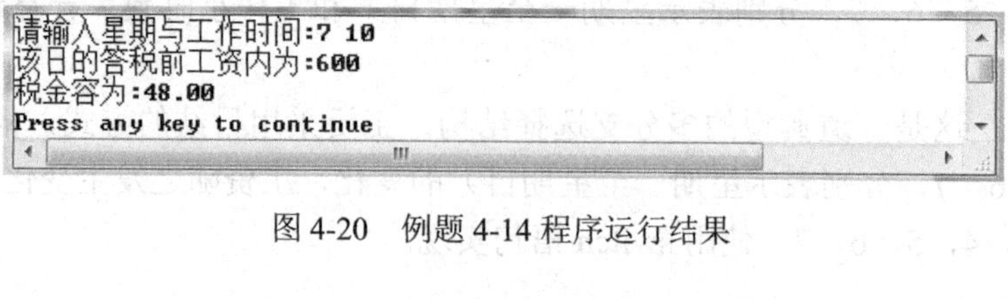
请输入星期与工作时间:7 10
该日的答税前工资内为:600
税金容为:48.00
Press any key to continue

图 4-20　例题 4-14 程序运行结果

4.7　在线课程学习

一、学习收获及存在的问题

本章学习收获：

存在的问题：

二、“课堂讨论”问题与收获

“课堂讨论”问题：

“课堂讨论”收获：

三、“老师答疑”问题与收获

“老师答疑”问题：

“老师答疑”收获：

四、“综合讨论”问题与收获

“综合讨论”问题：

“综合讨论”收获：

五、"测验与作业"收获与存在的问题

"测验与作业"收获：

"测试与作业"存在的问题：

我们学到了什么

本章介绍了选择结构程序设计的基本知识、设计思路和语句的基本用法。实现选择结构有两种基本的语句，if 语句和 switch 语句。if 语句非常灵活，可以实现大部分的选择结构，而 switch 语句适用于多分支选择结构。此外，运算符中的条件运算符也能够实现简单的选择结构。

牛刀小试——练习题

一、选择题

1．以下选项中，哪种不是选择结构语句？（　　）

A．if 语句　　B．goto 语句

C．if…else 语句　　D．switch 语句

2．C 语言中，逻辑"真"等价于（　　）。

A．非零的数　　B．非零的整数

C．大于零的数　　D．大于零的整数

3．C 语言的 switch 语句中，case 后（　　）。

A．只能为常量或常量表达式

B．只能为常量

C．可为常量及表达式或有确定值的变量及表达式

D．可为任何量或表达式

4．以下程序的输出结果是（　　）。

```
#include<stdio.h>
int main()
```

```
{
  int x=5,y=0,z=0;
  if(x&&!y||z)
          printf("***\n");
  else
          printf("$$$\n");
  return 0;
}
```

A．有语法错误不能通过编译　　B．***

C．$$$　　D．可以通过编译但不能通过连接

5．若有 int x=10，y=20，z=30；以下语句执行后 x，y，z 的值是（　　）。

```
if(x>y)
z=x;x=y;y=z;
```

A．x=20，y=30，z=20　　B．x=20，y=30，z=10

C．x=20，y=30，z=30　　D．x=10，y=20，z=30

二、程序分析题

1．有以下程序，分析其输出结果。

```
#include<stdio.h>
int main()
{
  int a = 1, b = 3, c = 6;
  if(a == b + c)
          printf("yes\n");
  else
          printf("no\n");
  return 0;
}
```

程序运行后的输出结果是________。

2．阅读以下程序。

```
#include "stdio.h"
int main()
{
  int num;
  scanf("%d",&num);
  if(num--<5)
          printf("%d",num);
```

```
  else
         printf("%d",num++);
  return 0;
}
```

程序运行后，如果从键盘输入 10，则输出结果是________。

3. 有以下程序。

```
#include<stdio.h>
int main()
{
  int n,s=0;
  scanf("%d",&n);
  if(n<0)
         n=-n;
  if(n>=1)
  {
         s=s+n%10;
         n=n/10;
  }
  printf("%d\n",s);
  return 0;
}
```

从键盘输入 1308，输出结果是________。

4. 有以下程序，分析其输出结果。

```
#include <stdio.h>
int main()
{
  int x=1,y=1,m=10,n=10;
  switch(x)
  {
         case 1:
           switch (y)
           {
               case  1:
               case  2:m++;break;
           }
         case 2:m++;n++;break;
```

```
    }
    printf("m=%d,n=%d\n",m,n);
    return 0;
}
```

程序运行后的输出结果是 m=________，n=________。

5．要求按照考试成绩的等级打印出百分制分数段，90 分以上为'A'，80～89 分为'B'，70～79 分为'C'，60～69 分为'D'等，完成程序。

```
#include <stdio.h>
int main()
{
  char grade;
  printf("请输入一个等级：");          /*输入考试等级*/
  scanf("%c",&grade);
  if(______________________________) /*如果grade是小写字母*/
          grade-=32;
  switch(________)
  {
          case 'A':printf("90~100\n");________;
          case 'B': printf("80~89\n");________;
          case 'C': printf("70~79\n");________;
          case 'D': printf("60~69\n");________;
          default: printf("error!\n");
  }
  return 0;
}
```

调试无语法错误后，分别使用下列测试用例对上述程序进行测试：

（1）'A'　运行结果：________________________

（2）'B'　运行结果：________________________

（3）'C'　运行结果：________________________

三、编程题

1．求一元二次方程 $ax^2+bx+c=0$ 的根。

2．判断一个数的奇偶性，并输出判断结果。

3．从键盘接收一个整型数据 num，判断该数是否能被 5 整除，如果能被 5 整除，输出“yes”，否则输出“no”。

4．从键盘输入三个数，按照从大到小的顺序输出。

5．编程实现以下功能，读入两个数“num1，num2”和一个运算符“oper”，计算

num1 oper num2 的值。

6．已知某公司员工的工资底薪为 1000 元，员工销售的软件金额与提成方式如下：

销售额≤3000	没有提成
3000＜销售额≤6000	提成 7%
6000＜销售额≤10000	提成 11%
销售额＞10000	提成 14%

求员工的工资。

第 5 章　从前有座山……
——循环结构

引　　入

从前有座山，山上有座庙，庙里有个老和尚和一个小和尚。有一天，老和尚对小和尚说：从前有座山……这个故事读者应该都熟悉，它可以循环讲下去。在生活中循环表示的是周而复始、往复运动，例如：四季交替、操场跑圈等。在程序设计中也有类似功能的结构——循环结构，它是结构化程序设计的基本结构之一，表示的是反复执行同一段程序，直到满足一定的条件后才停止执行该段程序，它与顺序结构、选择结构共同作为各种复杂程序的基本构造单元。C 语言提供了 3 种循环语句：while 循环、do…while 循环和 for 循环，本章将分别对这 3 种循环语句进行介绍。除此之外，还将介绍 break 语句、continue 语句的使用。

本章主要知识点

◎ while 循环。
◎ do…while 循环。
◎ for 循环。
◎ 循环嵌套。
◎ break 和 continue 语句。

本章难点

◎ 循环嵌套。
◎ break 和 continue 语句。

5.1　while 循环

while 循环

while 循环用来实现“当型”循环结构，特点是先判断，再执行，其定义一般格式如下：

```
while (表达式)
{
```

```
        循环体语句;
}
```

while 循环执行流程如图 5-1 所示。

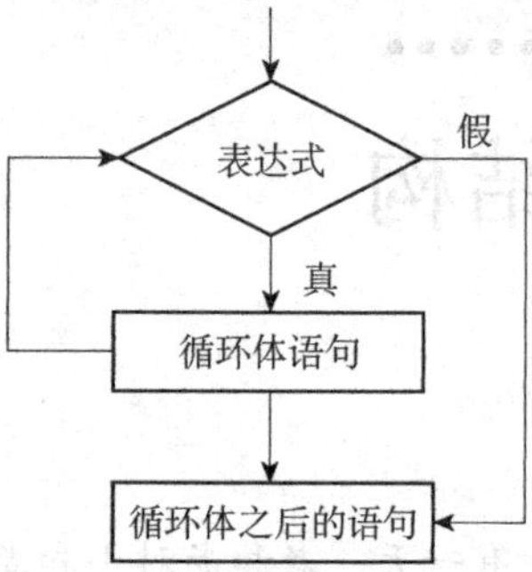

图 5-1　while 循环执行流程

while 循环结构

当表达式的值为真时，执行其中的循环体代码，然后程序会自动返回判断表达式的值，如此重复执行循环体代码；当表达式的值为假时结束循环，执行循环体后面的代码。通过以下实例来体会 while 循环的执行流程。

例题 5-1：编写程序，求 1+2+3+……+100 的值。

编程思路：从题目中可以看出本题为累加求和，如果采用顺序结构的方式来编写程序，主要程序代码块如下：

```
int s = 0;
s = s + 1;
s = s + 2;
s = s + 3;
...
s = s + 100;
```

为了累加求和，需要对变量 s 进行加法操作 100 次，这显然是做了大量的重复操作，非常烦琐。而在程序设计中可以通过循环来解决此类问题，下面通过 while 循环来对此例题进行编程求解，代码如下：

```
#include <stdio.h>
int main()
{
        int i = 1, sum = 0;
        while(i <= 100)
        {
          sum = sum + i;/*通过循环控制 i 从 1 到 100 累加到 sum 变量*/
          i = i + 1;
        }
        printf("1+2+3+……+100 的值为：%d\n",sum);
        return 0;
}
```

直观上通过 while 循环很大程度上减少了代码量，对 while 循环的执行流程进行详细分析如下。

第一步：定义两个变量 i 和 sum，分别用来存储累加数字和累加结果，其中 i 也叫循环控制变量。

第二步：判断表达式 i <= 100 的结果为"真"还是"假"。

第三步：如果第二步结果为真，则执行 while 后面大括号中的循环体代码，在循环体代码中，第 7 行是对 sum 进行累加求和，第 8 行是对循环变量 i 进行加 1 操作。然后，返回第二步继续执行。

第四步：如果第二步结果为假，直接跳到第 10 行代码，打印出结果。

通过例题 5-1，读者应该对 while 循环有了初步了解。之后详细介绍 while 循环的一些使用说明与注意事项。

说明：

（1）while 循环前需对循环控制变量进行初始化，否则编译器会对未初始化的变量进行自动赋值，使程序出现未知的结果。

（2）循环体代码可能一次也不执行。在例题 5-1 中，如果循环控制变量 i 的初始值为 101，这时表达式 i <= 100 的结果为“假”，不执行循环体代码。

（3）存在无限循环的可能。当表达式一直为“真”时，循环将永久执行下去，这种循环叫无限循环或死循环。例如下面的循环代码段：

```
int i = 1;
while(i <= 100)
{
   printf("%d\n",i);
}
```

此程序本意想输出 1 至 100，但是实际上此程序将一直输出 1，并将永久执行下去，除非进程结束。因此除了在一些特殊情况下，读者需尽量避免产生死循环。在使用循环时需要有改变循环控制变量的语句，例如例题 5-1 中的第 8 行语句对 i 进行加 1 操作，由于循环变量 i 一直在增长，会在某一次循环结束时使表达式为“假”跳出循环。故对于上面的代码段想达到目的，需进行如下修改：

```
int i = 1;
while(i <= 100)
{
   printf("%d\n",i++);
}
```

（4）当循环体代码只有一行时，可以不使用“{}”，例如可以将上面的代码段改为：

```
int i = 1;
while(i <= 100)
   printf("%d\n",i++);
```

再来看下面的例子。

例题 5-2：判断以下代码的输出结果。

```
#include <stdio.h>
int main()
{
        int i = 1, j = 1;
```

```
5       while(i <= 10)
6           printf("i 为：%d\n",i++);
7           printf("j 为：%d\n",j++);
8       return 0;
9   }
```

此例题中的 while 循环体没有使用“{}”，而且第 6 行和第 7 行代码都进行了缩进，比较有迷惑性，但是循环体代码只包含第 6 行代码，因此输出结果如图 5-2 所示。

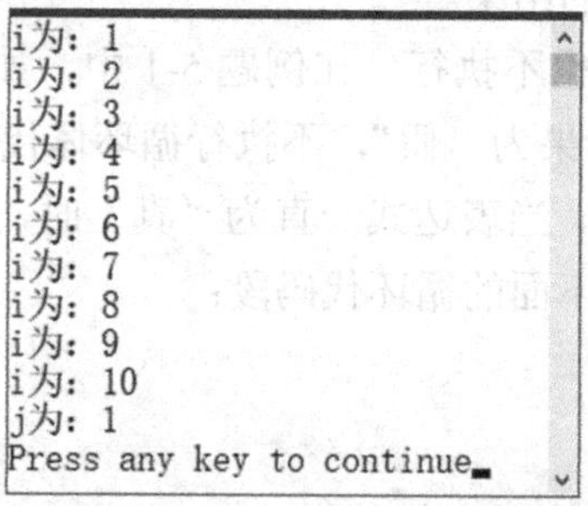

图 5-2　例题 5-2 程序运行结果

因此，为了增强代码的可读性，所有的循环体代码不论是一行还是多行建议都加上“{}”。

> ☆直通在线课
>
> “while 循环”这部分内容在在线课中给大家提供了丰富多样的学习资料。

5.2　do…while 循环

do…while 循环

do…while 循环用来实现“直到型”循环结构，特点是先执行、再判断，其定义一般格式如下：

```
do
{
    循环体语句;
}while (表达式);
```

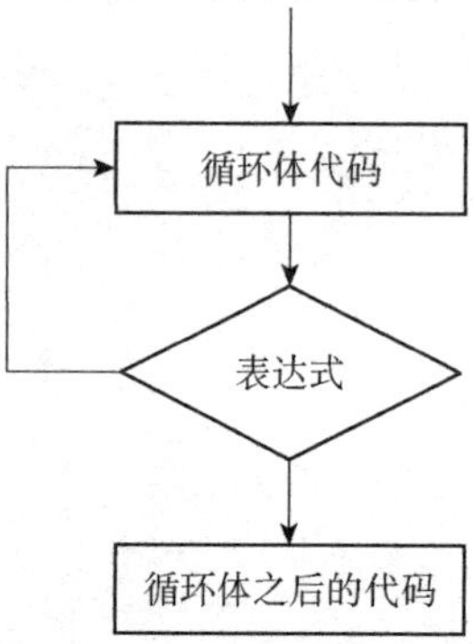

图 5-3　do…while 循环执行流程

do…while 循环执行流程如图 5-3 所示。

首先执行一遍循环体代码，然后判断表达式的值是否为“真”，为“真”时会继续执行循环体代码，如此重复执行；当为“假”时结束循环，执行循环体后面的代码。将例题 5-1 用 do…while 来实现，体会一下 do…while 循环的执行流程。

```
1   #include <stdio.h>
2   int main()
3   {
4           int i = 1, sum = 0;
5           do
6           {
7               sum = sum + i;
8               i = i + 1;
9           }while(i <= 100);/*注意分号*/
10          printf("1+2+3+……+100 的值为：%d\n",sum);
11          return 0;
12  }
```

第一步，定义循环控制变量 i 与求和结果 sum，并赋初始值。

第二步，在 do 后面的循环体中执行循环体代码，对 sum 进行累加求和并对变量进行加 1 操作。

第三步，判断表达式 i <= 100 的结果为“真”还是“假”，如果为“真”返回第二步继续执行。

第四步，如果为“假”，执行第 10 行代码并打印结果。

通过这个例子，可以看到 do…while 与 while 都能得到正确结果，那两者的区别在哪儿呢？

例题 5-3： 不断通过键盘输入一个整数，当输入整数 0 后结束输入。

使用 while 循环实现程序如下：

```
#include <stdio.h>
int main()
{
        int i = 0;
        printf("请输入一个数：");
        scanf("%d", &i);
        while(i != 0)
        {
            printf("请输入一个数：");
            scanf("%d", &i);
        }
        return 0;
}
```

使用 do…while 循环实现，程序如下：

```c
#include <stdio.h>
int main()
    {
      int i = 0;
      do
      {
          printf("请输入一个数：");
          scanf("%d", &i);
      }while(i != 0);
      return 0;
  }
```

以上两个程序能实现同样的效果，但是 while 循环需要在循环体外面多写一次 printf 和 scanf。这两个循环的本质区别是 do…while 循环是先执行一遍循环体代码再判断表达式，while 循环是先判断表达式再执行循环体代码。当程序循环体代码至少需要执行一次时推荐采用 do…while 循环，例如本例题需要先输入数才能去判断，不能直接使用变量 i 的初始值去判断，所以本例题推荐使用 do…while 循环。

☆直通在线课

"do…while 循环"这部分内容在在线课中给大家提供了丰富多样的学习资料。

5.3 for 循环

for 循环

for 循环是"多功能"型循环，其定义的一般格式如下：

```
for(表达式 1; 表达式 2; 表达式 3)
{
    循环体语句;
}
```

for 循环执行流程如图 5-4 所示。

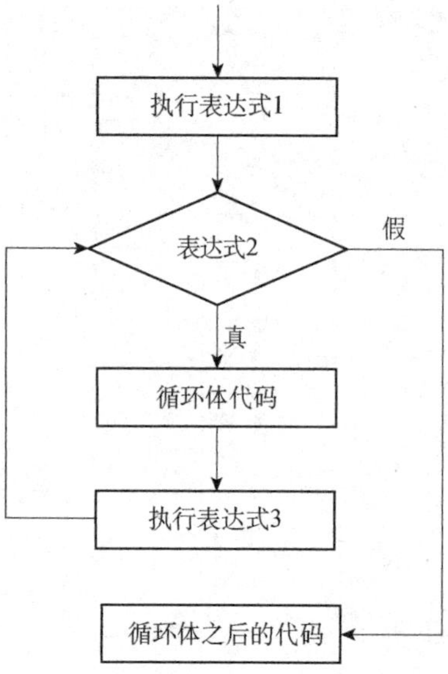

图 5-4　for 循环执行流程

首先执行 for 循环中的表达式 1，然后判断表达式 2 的"真假"，当表达式 2 的值为"真"时执行其中的循环体代码，执行完循环体代码后执行表达式 3，之后再回过头来继续判断表达式 2 的值，如此重复执行循环体代码；当表达式 2 为"假"时结束循环，执行循环体后面的代码。将例题 5-1 用 for 循环来实现，体会一下 for 循环的执行流程。

```
1   #include <stdio.h>
2   int main()
3   {
4           int sum = 0;
5           for(int i = 1; i <= 100; i++)
6           {
7               sum = sum + i;
8           }
9           printf("1+2+3+……+100 的值为: %d\n",sum);
10          return 0;
11  }
```

第一步，定义变量 sum 用来存储求和结果并赋初始值，在 for 循环的第一个表达式中定义循环控制变量 i 并赋初始值。

第二步，判断表达式 i <= 100 为“真”还是“假”，如果为“真”，则执行第 7 行循环体代码对 sum 变量进行累加。

第三步，执行表达式 i++，之后返回第二步继续执行。

第四步，当表达式 i <= 100 为“假”时，执行循环体后面的代码即第 9 行代码。

通过此例题，读者应该对 for 循环有了初步了解。之后详细介绍一下 for 循环的一些使用说明与注意事项。

（1）for 循环的表达式可以省略，有以下几种形式。

①省略表达式 1 时，需要在 for 前定义循环变量并赋值，代码段如下：

```
int sum = 0;
int i = 1;
for(; i <= 100; i++)/*省略表达式 1，分号保留*/
{
    sum = sum + i;
}
```

省略表达式 1，for 循环执行流程将跳过“执行表达式 1”这一步，其他过程不变，执行结果与上文代码一样。

②省略表达式 2，此时循环因失去循环控制语句进入“死循环”，代码段如下：

```
int sum=0;
for(int i = 1; ; i++)/*省略表达式 2，分号保留*/
{
    sum = sum + i;
}
```

省略表达式 2，程序将跳过执行判断表达式 2“真假”值，默认一直为“真”，出现“死循环”。读者在写代码时要避免出现“死循环”。

③省略表达式 3，此时为了避免“死循环”，需要在循环体中加入改变循环控制变量

的语句，代码段如下：

```
int sum=0;
for(int i = 1; i <= 100;)/*省略表达式 3，分号保留*/
{
    sum = sum + i;
    i++;
}
```

省略表达式 3，程序将跳过执行表达式 3，后面步骤不变。上面代码段循环体中增加了 i++语句，程序执行结果与省略表达式 3 前相同。

④同时省略表达式 1 和表达式 3，代码段如下：

```
int sum=0;
int i = 1;
for(;i <= 100 ;)/*省略表达式 1 和表达式 3，分号保留*/
{
    sum = sum + i;
    i++;
}
```

省略表达式 1 和表达式 3，程序执行过程将跳过表达式 1 和表达式 3，其他过程不变，其等价于如下 while 循环：

```
int sum=0;
int i = 1;
while(i <= 100)
{
    sum = sum + i;
    i++;
}
```

⑤三个表达式同时省略，如：for(;;)，此时的 for 循环没有循环变量初值、没有判断条件及没有更改循环控制变量的语句，循环成为无限循环。

（2）表达式 2 可以为关系表达式也可以为数值表达式，只要数值表达式的值不为 0（即"假"）就执行循环体代码，代码段如下：

```
int sum=0;
for(int i = 1; 101 - i; i++)
{
    sum = sum + i;
}
```

表达式 101 - i 为数值表达式，当 i 增加到 101 时，表达式 2 的值为 0，此时结束循环。

☆直通在线课

“for 循环”这部分内容在在线课中给大家提供了丰富多样的学习资料。

5.4 循环嵌套

循环嵌套

当一个循环的循环体中包含另一个完整循环就叫作循环嵌套，内嵌的循环中仍可以嵌套循环，叫作多层循环。三种循环语句可以进行互相嵌套。通过以下实例来体会一下循环嵌套的作用。

例题 5-4：编写程序，分别打印如下两种图案。

```
(1)    * * * * *
(2)    * * * * *
       * * * * *
       * * * * *
       * * * * *
       * * * * *
```

编程思路：对于（1）中的图案为 5 个“*”（注意星号后面带一个空格），可以采用 5 次循环每次循环输出一个“*”。

程序如下：

```
#include <stdio.h>
int main()
{
        for(int i = 1; i <= 5; i++)
        {
          printf("* ");
        }
        printf("\n");
        return 0;
}
```

本例采用的是 for 循环，读者也可以自己尝试其他的循环结构。

对于（2）中的图案，如果采用上述思路，则需要写 5 个 for 循环才能实现，此做法非常烦琐。而通过采用循环嵌套，在 for 循环外层再写一个 for 循环，对打印星号的循环再循环 5 次可以较简单地实现题中的图案效果。

使用循环嵌套打印（2）中图案的程序如下：

```
#include <stdio.h>
int main()
```

```
3  {
4        for(int i = 1; i <= 5; i++)/*此循环控制行数*/
5        {
6          for(int j = 1; j <= 5; j++)/*此循环控制每一行打印的星星数*/
7          {
8              printf("* ");
9          }
10         printf("\n");
11       }
12
13       return 0;
14 }
```

程序中第 6 行到第 9 行代码为第 4 行 for 循环的循环体，叫作内层循环，此循环体跟打印（1）中图案的 for 循环类似。通过第 4 行的外层循环对此循环体循环 5 次即可打印出（2）中的图案，如图 5-5 所示。

```
* * * * *
* * * * *
* * * * *
* * * * *
* * * * *
Press any key to continue
```

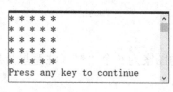

图 5-5　打印出（2）中的图案

例题 5-5： 编写程序，打印如下图案，并对所有数字累加求和。

1

1 2

1 2 3

1 2 3 4

1 2 3 4 5

1 2 3 4 5 6

1 2 3 4 5 6 7

1 2 3 4 5 6 7 8

1 2 3 4 5 6 7 8 9

1 2 3 4 5 6 7 8 9 10

编程思路：图案中一共有 10 行，第 n 行有 n 个数字。借鉴例题 5-4 打印第二个图案的思想通过两层 for 循环来实现，外层 for 循环控制打印 10 行，内层循环负责打印每一行的数字。但是图案中每一行的数字个数是不同的，而且是跟它所在的行数相关，因此不能采用例题 5-4 中内层循环打印星号的方法。根据外层循环的循环变量对应行数，内层循环的循环变量对应每一行的数字并且使用外层循环的循环变量作为其循环控制条件使用。

程序如下：

```
1  #include <stdio.h>
2  int main()
3  {
4          int i, j, k = 0;
5          for(i = 1; i <= 10; i++)/*此循环控制行数*/
6          {
7            for(j = 1; j <= i; j++)/*此循环控制每一行的数字*/
8            {
9                printf("%d ",j);/*打印当前行上的数字*/
10               k += j;/*对数字进行累加*/
11           }
12           printf("\n");/*打印完一行就换行*/
13         }
14
15         printf("结果为: %d\n",k);
16
17         return 0;
18 }
```

程序中第 7 行内层循环的循环控制条件表达式为 j <= i，其中 i 为第 5 行外层循环的循环变量。循环变量 i 的变化会影响内层循环。程序运行结果如图 5-6 所示。

```
1
1 2
1 2 3
1 2 3 4
1 2 3 4 5
1 2 3 4 5 6
1 2 3 4 5 6 7
1 2 3 4 5 6 7 8
1 2 3 4 5 6 7 8 9
1 2 3 4 5 6 7 8 9 10
结果为: 220
Press any key to continue
```

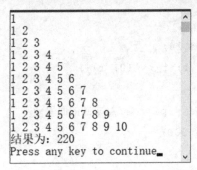

图 5-6　例题 5-5 程序运行结果

例题 5-4 和例题 5-5 所示程序中使用的是 for 循环，读者可以将其修改为另外两种循环来达到相同的结果。循环嵌套可以是三种循环的任意组合嵌套，同时也可以多层嵌套。例题中仅仅给出的是两层循环嵌套，在内层循环中仍可以使用循环。

> **☆直通在线课**
>
> “循环嵌套”这部分内容在在线课中给大家提供了丰富多样的学习资料。

5.5 break 和 continue 语句

break 和 continue 语句

在一个循环是非无限循环的前提下，循环只有在执行完毕时才能结束。在一些特定条件下需要程序"破坏"循环（包括无限循环），C 语言为此提供了 break 语句和 continue 语句来使循环变得更灵活。

5.5.1 break 语句

break 语句可以用来从循环体内跳出，即提前结束当前循环，接着执行当前循环下面的语句。一般格式如下：

```
break;
```

通过下面的例题来体会一下 break 语句的使用。

例题 5-6： 编写程序，计算并打印半径从 1 到 10 的圆面积，但是当面积大于 200 时终止打印。

编程思路：计算半径从 1 到 10 的圆面积，可以使用循环来遍历每一个半径，然后通过圆面积公式 $S=\pi r^2$ 即可算出每一个圆面积。当面积大于 200 时终止打印，需要在每次计算圆面积后使用条件语句进行判断，当满足条件时结束循环。结束循环需要使用 break 语句，程序如下：

```
1  #include <stdio.h>
2  int main()
3  {
4         float pi = 3.14;
5         for(int r = 1; r <= 10; r++)
6         {
7           float area = pi*r*r;/*求圆的面积*/
8           if(area > 200)
9           {
10                   break;/*退出当前循环*/
11           }
12              printf("r=%d area=%.2f\n",r,area);
13            }
14          printf("执行完毕！");
15          return 0;
16   }
```

程序中第 5 行的循环遍历从 1 到 10 的半径，通过第 7 行来计算面积。当循环在执行的过程中满足第 8 行的条件语句时，程序执行第 10 行代码的 break 语句，执行完此语句后将结束循环并直接跳到第 14 行代码开始执行。执行结果如图 5-7 所示。

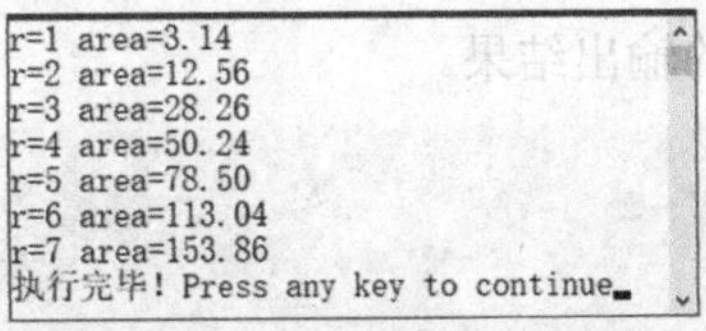

图 5-7　例题 5-6 程序执行结果

break 语句还能终止当前循环，可以用于终止没有循环控制语句的循环，如例题 5-7。

例题 5-7：编写程序，每输入一个整数就打印其立方，当输入整数 0 时终止输入。

编程思路：按程序要求需要一个无限循环来控制输入和输出，但是为了避免程序无限次执行下去，需要在输入整数 0 时终止输入。此时可以利用 break 语句来终止循环。

程序如下：

```
1  #include <stdio.h>
2  int main()
3  {
4          int n = 0;
5          for(;;)/*为无限循环*/
6          {
7             printf("请输入一个整数（输入 0 时终止）：");
8             scanf("%d", &n);
9             if(n == 0)
10            {
11                 break;/*可以退出此无限循环*/
12            }
13            printf("%d 的立方是：%d\n",n, n*n*n);
14         }
15         printf("输入结束\n");
16
17         return 0;
18 }
```

程序中第 5 行的 for 循环没有循环控制语句，是一个无限循环。由这个无限循环可以不停地执行第 8 行和第 13 行的输入和输出。但是当输入的 n 为 0 时，通过第 9 行的条件控制语句将执行第 11 行的 break 语句结束循环并直接跳到第 15 行代码继续执行。程序运行结果如图 5-8 所示。

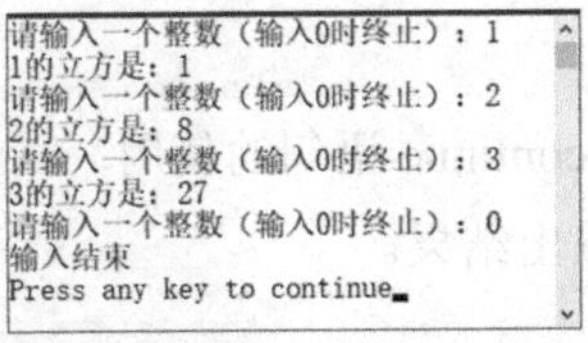

图 5-8　例题 5-7 程序运行结果

例题 5-8：判断如下程序的输出结果。

```
1  #include <stdio.h>
2  int main()
3  {
4          int k = 0;
5          for(int i = 1; i <= 5; i++)
6          {
7            for(int j = 1; j <= 5; j++)
8            {
9                k++;
10               if(k == 12)
11               {
12                   break;/*退出当前循环*/
13               }
14           }
15       }
16       printf("k=%d\n",k);
17 }
```

观察此例题的程序，程序最后的打印结果 k 等于多少呢？带着问题来分析一下此例题。例题中有两个嵌套的 for 循环，第 9 行对 k 进行自增操作。第 10 行有一条件控制语句，当 k 等于 12 时执行第 12 行的 break 语句，此时程序会跳到第 16 行代码继续执行吗？如果是，程序的输出结果 k=12，图 5-9 为此例题的输出结果。

```
k=22
Press any key to continue
```

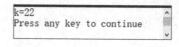

图 5-9　例题 5-8 程序运行结果

显然，程序的输出结果是 22 并非 12。原因是 break 语句结束的是当前所在的循环，即结束第 7 行的 for 循环，但是不会结束第 5 行的 for 循环，仍会继续执行此循环。因此打印的结果为 22。

5.5.2　continue 语句

continue 语句的作用是结束本次循环，即跳过当前循环体中 continue 语句后面的语句，接着执行下一次是否执行循环的判定。一般格式如下：

```
continue;
```

通过下面的例题来体会一下 continue 语句的使用。

例题 5-9：观察如下程序的输出结果。

```
#include <stdio.h>
```

```
2  int main()
3  {
4         for(int i = 1; i <= 10; i++)
5         {
6           if( i % 3 == 0)/*判断能否被 3 整除，%为取余，余数为 0 即整除*/
7           {
8               continue;
9           }
10          printf("%d ",i);
11        }
12        printf("\n 程序执行完毕! \n");
13      return 0;
14 }
```

此程序的作用是打印 1 到 10 中不能被 3 整除的数，第 6 行判断是否能被 3 整除，当能被 3 整除时，执行第 8 行的 continue 语句。此时将结束本次循环，执行第 4 行的 i++语句，进而继续执行 for 循环。每当遇到第 8 行的 continue 语句后，将不执行第 10 行的打印语句，因此不会输出能被 3 整除的数。此程序运行结果如图 5-10 所示。

```
1 2 4 5 7 8 10
程序执行完毕!
Press any key to continue
```

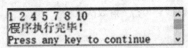

图 5-10　例题 5-9 程序运行结果

continue 语句和 break 语句可以使循环更灵活，在功能上它们有一定的区别，break 语句结束当前整个循环并执行当前循环后面的语句。而 continue 语句只结束本次循环并且其后的语句将不执行，但当循环条件表达式仍满足时，整个循环不会结束，仍会进行下一次循环。

> ☆直通在线课
>
> “break 和 continue 语句”这部分内容在在线课中给大家提供了丰富多样的学习资料。

5.6　学以致用

例题 5-10： 设计一个猜数字的小游戏（1 到 10 中的数字），用程序随机选出来的数作为目标数字，用户猜测并输入一个数，然后与目标数做比较，当猜大或猜小了给予提示。当猜对时提示猜对和猜数次数，并且提示是否继续玩游戏。如果继续玩要重新开始猜数游戏，如果不玩了，结束游戏。

编程思路：按要求，为了实现在猜错的情况下能不停地输入数字，需要一个无限循环来支撑。同时为了保证在数对的情况下能继续玩游戏，也需要在外层有一个无限循环来支撑。

程序如下：

```
#include<stdio.h>
#include<time.h>
#include<stdlib.h>
int main()
{
        int targerNum, n;
        while (1)
        {
          system("cls");/*清屏*/
          printf("****************猜数小游戏开始****************\n");
          srand((unsigned)time(NULL));/*初始化随机数发生器*/
          targerNum = rand() % 10 + 1;/*返回 1-10 之间的随机数，存储在targerNum中*/
          printf("猜猜我是1-10中的哪一个数？\n");
          int guessNum = 0;/*猜数次数*/
          while (1)
          {
              printf("请输入您猜的数:");
              scanf("%d", &n);
              guessNum++;/*每猜一次猜数次数加1*/
              if (targerNum == n)
              {
                  printf("恭喜您，%d次就猜对了！\n", guessNum);
                  break;/*猜对后终止当前循环*/
              }
              else if (targerNum < n)
              {
                  printf("您猜大啦，请再猜一次吧！\n");
              }
              else
              {
                  printf("您猜小了，请再猜一次吧！\n");
              }
```

```
33          }
34          printf("退出输入 0，继续玩游戏输请输入其他数字，请输入：");
35          scanf("%d", &n);
36          if (0 == n)
37          {
38              break;/*输入 0 后退出当前循环*/
39          }
40      }
41      printf("****************猜数小游戏结束****************\n");
42      return 0;
43  }
```

程序中第 11 行和第 12 行为随机产生目标数字用于猜测，第 15 行的 while 循环为无限循环，其循环体为猜数的主体。由第 18 行输入所猜数字，第 20 行判断是否猜对，如果猜对，由第 23 行的 break 语句结束第 15 行的 while 循环，跳到第 34 行开始执行。通过第 35 行输入的数字，如果是 0，则将由第 38 行的 break 语句结束第 7 行的循环。如果第 35 行输入的是非 0 数字，则将继续执行第 7 行的循环。如果第 20 行判断没有猜对，则将根据所猜大小执行第 25 行或第 29 行代码，进而继续执行第 15 行的循环继续猜测。程序运行结果如图 5-11 所示。

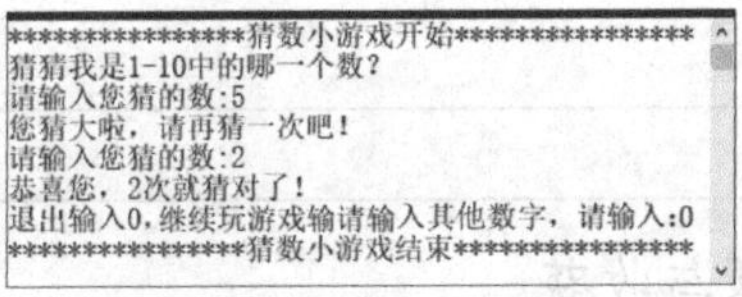
```
****************猜数小游戏开始****************
猜猜我是1-10中的哪一个数?
请输入您猜的数:5
您猜大啦，请再猜一次吧!
请输入您猜的数:2
恭喜您，2次就猜对了!
退出输入0,继续玩游戏输请输入其他数字，请输入:0
****************猜数小游戏结束****************
```

图 5-11　例题 5-10 程序运行结果

5.7　在线课程学习

一、学习收获及存在的问题

本章学习收获：

____

____

____

____

存在的问题：

____

____

____

二、"课堂讨论"问题与收获

"课堂讨论"问题：

"课堂讨论"收获：

三、"老师答疑"问题与收获

"老师答疑"问题：

"老师答疑"收获：

四、"综合讨论"问题与收获

"综合讨论"问题：

"综合讨论"收获：

五、"测验与作业"收获与存在的问题

"测验与作业"收获：

"测试与作业"存在的问题：

我们学到了什么

本章主要介绍了 C 语言循环结构中的 while 循环、do…while 循环和 for 循环。结合实例，对三种循环结构的使用方法进行了阐述。三种循环虽然在使用方法上有一定的区别，但都可以实现相同的功能，读者可以根据循环结构实现的难易与自己的编程习惯进行选择。

本章还介绍了循环嵌套与 break 语句、continue 语句的使用，这是本章的难点。循环嵌套在语法上可以对任意三种循环结构进行嵌套，也支持多层嵌套。读者在使用时需要注意内层循环的循环变量在外层循环有无更改或者外层循环的循环变量在内层循环有无更改。break 语句和 continue 语句使循环更灵活，break 语句能结束当前循环，continue 语句能结束本次循环继续下一次循环。

牛刀小试——练习题

一、选择题

1. 以下程序执行后的输出结果是（　　）。

```
int main( )
{
  int i, s = 0;
  for(i = 1; i < 10;i += 2)  s += i + 1;
    printf("%d\n",s);

  return 0;
}
```

A. 自然数 1～9 的累加和　　　　B. 自然数 1～10 的累加和

C. 自然数 1～9 中的奇数之和　　D. 自然数 1～10 中的偶数之和

2. 以下关于 for 语句的说法中不正确的是（　　）。

A. for 循环只能用于循环次数已经确定的情况

B. for 循环是先判断表达式，后执行循环体语句

C. for 循环中，可以用 break 跳出循环体

D. for 循环体语句中，可以包含多条语句，但要用花括号括起来

3. 若 i 和 k 都是 int 类型变量，有以下 for 语句

```
for(i = 0,k = -1; k = 1; k++) printf("*****\n");
```

下面关于语句执行情况的叙述中正确的是（　　）。

A. 循环体执行两次　　　　B. 循环体执行一次

C. 循环体一次也不执行　　D. 构成无限循环

4. 语句 while(!e);中的条件!e 等价于（　　）。

A. e==0　　B. e!=1

C. e!=0　　D. ~e

5. C 语言中（　　）。

A. 不能使用 do…while 语句构成的循环

B. do…while 语句构成的循环必须用 break 语句才能退出

C. do…while 语句构成的循环，当 while 语句中的表达式值为非 0 时结束循环

D. do…while 语句构成的循环，当 while 语句中的表达式值为 0 时结束循环

6. C 语言中 while 和 do…while 循环的主要区别是（　　）。

A. do…while 的循环体至少无条件执行一次

B. while 的循环控制条件比 do…while 的循环控制条件严格

C. do…while 允许从外部转到循环体内

D. do…while 的循环体不能是复合语句

7. 以下 for 循环的执行次数是（　　）。

```
for (x = 0,y = 0; (y = 123) && (x < 4) ; x++) ;
```

A. 无限循环　　B. 循环次数不定

C. 4 次　　D. 3 次

8. 已知 int t = 0;　while（t = 1）{...} 则以下叙述中正确的是（　　）。

A. 循环控制表达式的值为 0　　B. 循环控制表达式的值为 1

C. 循环控制表达式不合法　　D. 以上说法都不对

9. 以下程序段（　　）。

```
int x = -1;
do
{
    x = x * x;
}
while(!x);
```

A. 是死循环　　B. 循环执行两次

C. 循环执行一次　　D. 有语法错误

10. 下列程序段中不是死循环的是（　）。

A.

```
i = 100;
while(1)
{
    i = i%100 + 1;
    if(i == 20) break;
}
```

B.

```
for(i = 1; ;i++)
sum = sum + 1;
```

C.

```
k = 0;
do
{
    ++k;
}while(k <= 0);
```

D.

```
s = 3379;
while(s++ % 2 + 3 % 2)
s++;
```

11. 有以下程序段：

```
int k = 2;
while (k = 0)
{
    printf("%d",k);
    k--;
}
```

则下面描述中正确的是（　　）。

A. while 循环执行 10 次　　B. 循环是无限循环

C. 循环体语句一次也不执行　　D. 循环体语句执行一次

12. 以下程序段的循环次数是（　　）。

```
for (i = 2; i == 0; )
printf("%d", i--) ;
```

A. 无限次　　B. 0 次

C. 1 次　　D. 2 次

13. "int i = 100;" 以下不是死循环的程序段是（　　）。

A. `while (1) {i = i%100 + 1 ;if(i > 100) break ;}`

B. `for ( ; ; ) ;`

C. `int k = 0; do { ++k; } while (k >= 0);`

D. `int s = 36; while(s); --s ;`

14. 执行语句 "for(i = 1; i++ < 4;) ;" 后变量 i 的值是（　　）。

A. 3　　B. 4

C. 5　　D. 不定

15. 对 for(表达式 1;; 表达式 3)可理解为（　　）。

A. for(表达式 1;0; 表达式 3)　　B. for(表达式 1;1;表达式 3)

C. for(表达式 1;表达式 1;表达式 3)　　D. for(表达式 1;表达式 3;表达式 3)

二、程序分析题

1. 写出下面程序运行的结果________。

```
int main ( )
{
```

```
    int x,i ;
    for (i = 1 ; i <= 100 ; i++)
    {
        x = i;
        if (++x%2 == 0)
                if (++x%3 == 0)
                if(++x%7 == 0)
                printf("%d ",x) ;
    }
    return 0;
}
```

2. 写出下面程序运行的结果_______。

```
int main ( )
{
    int i, b, k = 0 ;
    for (i = 1; i <= 5 ; i++)
    {
        b = i%2;
        while (b--) k++ ;
    }
    printf("%d,%d",k,b);
    return 0;
}
```

3. 写出下面程序运行的结果_______。

```
int main ( )
{
    int a, b;
    for (a = 1, b = 1 ; a<=100 ; a++)
    {
        if (b >= 20) break;
        if (b%3 == 1)
        {
            b += 3 ;
            continue ;
        }
        b -= 5;
    }
```

```
    printf("%d\n",a);
    return 0;
}
```

4．写出下面程序运行的结果______。

```
int main ( )
{
    int k = 1, n = 263 ;
    do
    {
        k *= n%10 ; n /= 10 ;
    } while (n) ;
    printf("%d\n",k);
    return 0;
}
```

5．写出下面程序运行的结果______。

```
int main ( )
{
    int i,j;
    for (i=0;i<3;i++,i++)
    {
        for (j=4 ; j>=0; j--)
        {
            if ((j+i)%2)
            {
                j-- ;
                printf("%d,",j);
                continue ;
            }
            --i ;
            j-- ;
            printf("%d,",j) ;
        }
    }
    return 0;
}
```

6．写出下面程序运行的结果______。

```
int main ( )
```

```
{
    int a = 10, y = 0 ;
    do
    {
        a += 2 ;
        y += a ;
        if (y>50) break ;
    } while (a=14) ;
    printf("a=%d y=%d\n",a,y) ;
    return 0;
}
```

7．写出下面程序运行的结果_______。

```
int main ( )
{
    int i, j, k = 19;
    while (i = k-1)
    {
        k-=3 ;
        if (k%5 == 0)
        {
            i++ ;
            continue ;
        }
        else if (k<5) break ;
        i++;
    }
    printf("i=%d,k=%d\n",i,k);
    return 0;
}
```

三、编写程序

1．编写一个程序，求$1-\frac{1}{2}+\frac{1}{3}-\frac{1}{4}+\cdots\cdots+\frac{1}{99}-\frac{1}{100}$的值。

2．编写程序，求s=1+2+3+……+n，直到累加和大于或等于5000为止，输出s及n的值。

3．打印出所有的"水仙花数"，所谓"水仙花数"是指一个3位数，其各位数字立方之和等于该数本身。

第 6 章　士兵与方阵——数组

引　入

相信我们每个人都看到过这样的场景：国庆节日里，在中外国家首脑访问仪式上，在军演操练中……士兵们排出整齐的队列或方阵，一个个昂首挺胸迈步前进。无论在哪种场景下，士兵们基本都有着共同的特征与要求：他们的年龄、身高、体形基本相仿，必须一个挨着一个，士兵之间不能留有空位，并且每个士兵在队列或方阵中的位置是相对固定的。对应到 C 语言中，支持一种组合的数据类型叫作数组，该种类型的特征就类似于士兵队列或方阵。首先组成数组的若干个体叫作元素，都是相同数据类型的变量，各个元素之间顺序固定、挨个相邻，并且没有间断。

本章主要知识点

◎ 一维数组的定义与访问。
◎ 二维数组的定义与访问。
◎ 字符数组的定义与访问。
◎ 字符串的存储与处理。

本章难点

◎ 二维数组的实质。
◎ 字符串的访问处理。

6.1　一维数组

C 程序中常常会遇到处理若干相同类型数据的问题，比如一个班级有 60 位学生，考完数学课程之后，需要统计该班级这门课程的平均成绩。如果针对每位学生的数学成绩都定义一个整型或浮点型变量，那么需要定义 60 个相同类型的变量。这显然是很费力的事情，代码效率低下。针对这类数据处理问题，C 语言支持数组这种组合的数据类型，以提高同类数据的处理能力和效率。

6.1.1 什么是数组

数组是若干个相同类型的变量的有机组合。所谓有机组合，指的是数组不是散乱无序的组合，而是在严格规则要求下的组合。针对数组，具体规则要求如下：

（1）一个数组的所有元素必须是数据类型相同的变量，并且元素个数固定。

（2）元素顺序相连，次序固定。

（3）系统为数组开辟连续的内存区域，内存的大小为各个元素所占内存单元的字节数之和。

6.1.2 一维数组的定义与引用

一维数组的定义和初始化

定义一维数组的一般格式如下：

```
数据类型 数组名[数组长度];
```

这里，数据类型为 C 支持的数据类型，数组名为合法的标识符，数组长度表示数组所包含元素的个数。

比如：int a[10];表示定义了一个叫作 a 的整型数组，该数组包含 10 个整型变量元素。

关于数组，主要包含三个要素：

（1）数组名。系统为数组开辟连续的内存空间区域，数组名代表了该区域的首地址，相应元素按次序分配在该内存区域之中。

（2）元素。访问数组中的元素，必须通过数组名加下标值的方式。下标值都是从 0 开始计数的。比如上面定义的数组 a，第一个元素是 a[0]，第二个元素是 a[1]，……最后一个元素是 a[9]。

（3）长度。一个数组占用内存的大小决定于其长度和元素类型。比如：数组 a 的大小是由 10 个整型内存单元组成的一个内存空间。

针对上面的整型数组 a，相应数组元素关系及内存分配情况如图 6-1 所示。

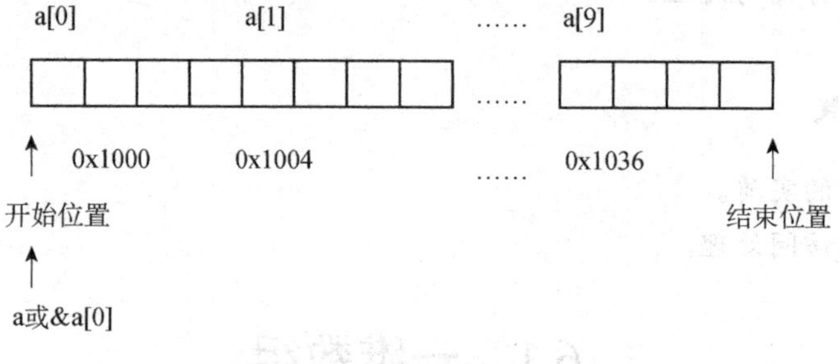

图 6-1 一维数组内存分配图

可以看出：数组名 a 代表了数组首地址，也就是首元素的地址。整个数组 a 占据了从 0x1000 开始到 0x1036 结束的内存区域。各元素按次序存储在相应的内存单元里，比如第 2 个元素 a[1]的单元地址是 0x1004。

一维数组元素的引用与输入/输出

例题 6-1：一维数组的定义。

编程思想：通过对一维数组的定义及赋值操作，理解其基本用法。

程序如下：

```
#include<stdio.h>
#define I 10        /*宏定义常量 I*/
int main()
{
    int a[I+1];  /*定义一个 11 个长度的整型数组*/
    a[2] = 5;   /*给第 3 个元素赋值*/
    printf(“数组名 a 的值是：%x\n”,a);
    printf(“首元素 a[0]的地址是：%x\n”,&a[0]);
    printf(“第 3 个元素值是：%d\n”,a[2]);
     return 0;
}
```

注意：

（1）标识符加中括号是定义一个数组的标志，数组名与括号之间不能有任何字符，包括空格。比如：int a [10];是错误的。数组元素 a [2]表示也是错误的。

（2）数组不能越界。数组不存在超越其本身长度的元素。数组元素的下标值总是从 0 开始的。比如：int a[10];该数组包含的元素是从 a[0]到 a[9]这 10 个元素。那么所谓元素 a[10]是不存在的。因此，在数组元素的访问中，特别要注意不能超界的问题。

（3）数组的长度，可以是数字常量表达式，也可以是符号常量表达式，不管哪种，必须是常量才行。

6.1.3　一维数组的初始化

所谓数组的初始化，是指在定义数组的同时，赋予数组所有元素或部分元素初值。具体地，一维数组初始化分为以下几种情况。

（1）完全初始化。给所有的元素赋初值，提供的初值要用一对大括号括起来，值之间用逗号隔开。比如：

int x[5]={1,-10,5,20,30};

（2）部分初始化。初值个数少于数组元素个数。提供的初值赋给从首元素开始的相应个数的元素。没有被赋初值的元素为相应类型默认值。

比如：int x[5]={1,10};

那么，x[0]=1,x[1]=10，x[2]=0，x[3]=0，x[4]=0。

（3）如果定义数组时就给数组中所有元素赋初值，那么就可以不指定数组的长度，因为此时元素的个数已经确定了。

比如：int x[5]={1,-10,5,20,30};

可以写成：int x[]={1,-10,5,20,30};

（4）将整型数组的元素全部初始化为 0。

比如：int x[5]={0};

例题 6-2：一维数组的初始化。

编程思想：通过对一维数组的不同初始化形式，理解其基本用法。

程序如下：

```
#include <stdio.h>
int main()
{
    int a[5] = { 0 };
    int b[5] = { 1 };
    int c[5] = {1,-5};
    int d[] = {1,-5,10,20,50};    /*不同的初始化方式*/
    int i = 0;                    /*定义下标循环变量*/
    for(i=0;i<5;++i)
    {
     printf(“a 数组第%个元素值为：%d\n”,i+1,a[i]);
     printf(“b 数组第%个元素值为：%d\n”,i+1,b[i]);
     printf(“c 数组第%个元素值为：%d\n”,i+1,c[i]);
     printf(“d 数组第%个元素值为：%d\n”,i+1,d[i]);
    }
    return 0;
}
```

运行结果如图 6-2 所示。

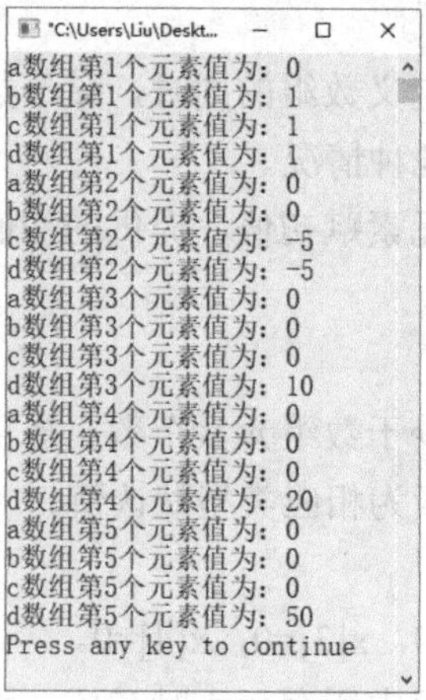

图 6-2　一维数组初始化实例结果

6.1.4　学以致用

下面通过几个典型实例来体会一维数组的相关用法。

例题 6-3：求一维数组中元素的最大值、最小值和平均值。

编程思想：以下标变量为循环变量，建立遍历数组的循环，可以访问数组中所有元素。设立一个临时变量，以存放最大值或最小值。假设以最大值（或最小值）为首元素，然后在循环体中，这个临时变量依次与当前循环访问的元素进行大小比较，从而在循环完毕之时，得到最终的最值。

程序如下：

```
#include <stdio.h>
int main()
{
    int a[10],sum = 0,i;    /*i 为循环变量,sum 存放元素之和，初值为 0*/
    int my_max;                   /*存放最大值临时变量*/
    int my_min;                   /*存放最小值临时变量*/
    printf("请输入十个元素值：\n");
    for(i=0;i<10;i++)             /*建立下标循环*/
     scanf("%d",&a[i]);
    my_max = a[0];
    my_min = a[0];                /*假定最值为首元素*/
    for(i=0;i<10;i++)
    {
       if(my_max<=a[i])           /*最大值与当前元素比较*/
             my_max = a[i];
       if(my_min>=a[i])           /*最小值与当前元素比较*/
             my_min = a[i];
       sum += a[i];               /*累加和值*/
    }
    printf("数组各元素的平均值是：%f\n",sum/10);
    printf("数组中最大的元素值是：%d\n",my_max);
    printf("数组中最小的元素值是：%d\n",my_min);
    return 0;
}
```

例题 6-4：对一维数组中各元素按值从小到大的顺序重新排列，以冒泡算法实现。

冒泡排序

编程思想：本例以“冒泡”法进行排序。具体算法思路：每次将相邻两个元素进行比较，将小的数调换到前边。第一趟比较后，最大的元素值“沉底”，第二趟比较后，次大的元素值再“沉底”……以此类推，最终实现元素值从小到大的排序。这种思路下，如果数组有 n 个数，则要进行 n−1 趟比较，在第一趟中进行 n−1 次两两比较，在第 j 趟中进行 n−j 次两两比较。

程序如下：

```
#include <stdio.h>
int main()
{
    int i,j,t;                  /*建立趟数和次数的循环变量及临时变量 t*/
    int a[10];
```

```
    printf("请输入十个元素值：\n");
    for(i=0;i<10;i++)                /*建立下标循环*/
     scanf("%d",&a[i]);
    for(i=0;i<9;i++)                 /*建立趟数的循环*/
       for(j=0;j<9-i;j++)            /*建立每趟比较次数的循环*/
       {
       if(a[i]>a[i+1])               /*相邻两元素比较*/
           {
               t = a[i];
               a[i] = a[i+1];
                a[i+1] = t;
        }
       }                 /*整体排序循环结束*/
    printf("请输出冒泡法排序后从小到大的元素值：\n");
    for(i=0;i<10;i++)                /*建立下标循环*/
     printf("%d\n",a[i]);
    return 0;
}
```

针对数组元素{9，10，8，20，11，0}进行冒泡法排序，如图 6-3 所示。

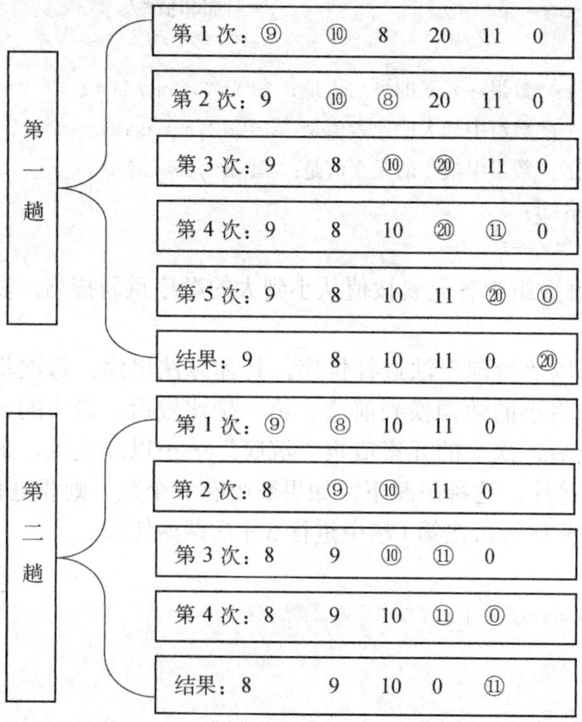

图 6-3 冒泡排序

例题 6-5：对一维数组中各元素按值从小到大的顺序重新排列，以选择算法实现。

编程思想：本例以选择法进行排序。具体算法思路：在要排序的一组数中，选出最大的一个数与最后一个位置的数交换；在剩下的数当中找最大的与倒数第二个位置的数交换，即顺序放在已排好序的数列的最后，如此循环，直到全部数据元素排完为止。这种排序方法每次从数组中选出一个最大的元素并将其与数组最后一个元素交换位置，使数组最后一个元素变为最大的。随着排序的进行，每次需要检查的元素数在逐渐减少，最后一次需要检查的元素只有一个。以下举例解释。

假设一共有 6 个数组，我们用选择法进行从小到大的排序：

6，5，4，2，3，1

第一次:【6，5，4，2，3，1】 -> 【1，5，4，2，3，6】

第二次:【1，5，4，2，3】，6 -> 【1，3，4，2，5，6】

第三次:【1，3，4，2】，5，6 -> 【1，3，2，4，5，6】

第四次:【1，3，2】，4，5，6 -> 【1，2，3，4，5，6】

第五次:【1，2】，3，4，5，6 -> 【1，2，3，4，5，6】

程序如下：

```
#include <stdio.h>
int main()
{
    int a[10],i,j,t;                    /*i,j 循环变量,t 为临时变量*/
    printf("请输入十个元素值：\n");
    for(i=0;i<10;i++)                    /*建立下标循环*/
        scanf("%d",&a[i]);
    for(i=0;i<9;i++)
       for(j=i+1;j<10;j++)
          if(a[i]>a[j])
          {
             t = a[i] ;
              a[i] = a[j];
              a[j] = t;
          }
    printf("请输出选择法排序后从小到大的元素值：\n");
    for(i=0;i<10;i++)                    /*建立下标循环*/
     rintf("%d\n",a[i]);
    return 0;
}
```

运行结果如图 6-4 所示。

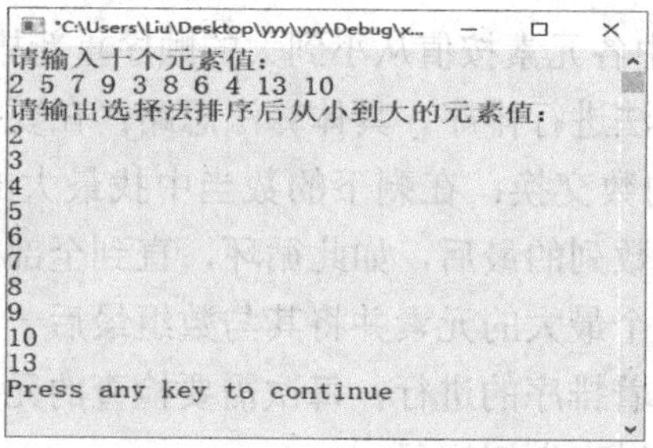

图 6-4　选择排序实例结果

> ☆直通在线课
>
> "一维数组元素的引用与输入/输出"这部分内容在在线课中给大家提供了丰富多样的学习资料。

6.2　二维数组

在实际生活与应用中如果涉及处理若干非单一属性的同类对象或事物时，一般通过二维数组来描述。

例如，表示一个班级学生的计算机、数学、语文、物理 4 门课的成绩数据。可把每个学生看成一个对象，用二维数组的第一维来表示，如果有 50 个学生，则可设定二维数组第一维的大小为 50；成绩可看成每个学生对象的属性，且可使用整型数据表示，可用二维数组的第二维来表示，每个对象（学生）含 4 个属性（4 门课程），故第二维大小可设为 4。

6.2.1　二维数组的定义

二维数组的定义与初始化

二维数组定义的一般格式为：

```
类型 数组名[第一维大小][第二维大小];
```

其中，第一、二维的大小一般均为常量表达式。

比如：int m[5][4];表示定义了一个 5 行 4 列的整型二维数组 m。而 int x[][5];或 float y[3][];这样的定义是错误的，因为编译器无法确定数组所需的内存空间。

定义一个表示 3 个学生 4 门功课的二维数组，如 图 6-5 所示。int score[3][4];该数组表示 3 个学生对象的信息，即：score[0]，score[1]，score[2]，其中 score 是一维数组名。每一行表示一个学生，每一列表示一门功课。

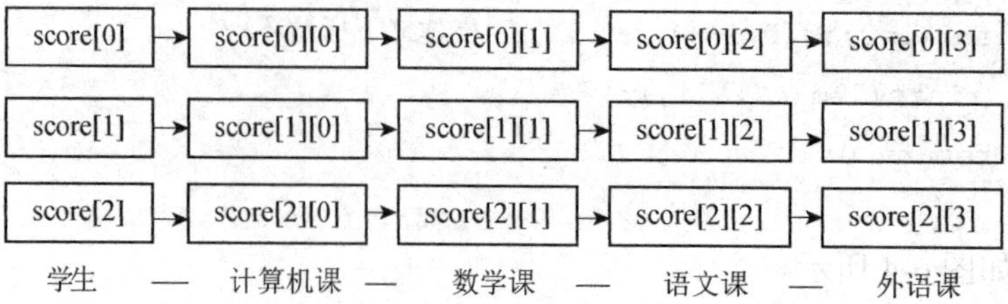

图 6-5　学生对象二维数组

例题 6-6：定义一个二维数组，并查看其信息。

编程思想：本例定义一个二维数组，通过代码查看其存储特征及规律，掌握二维数组元素之间的关系。

程序如下：

```
#include <stdio.h>
int main()
{
    int a[3][4];
    printf("查看二维数组存储特性:\n");
    printf("输出数组名: a= %p\n",a);
    printf("数组首地址: %p\n",&a[0]);
    printf("数组首元素 a[0][0]的地址: %p\n",&a[0][0]);
    printf("\n 数组名 a+1 的值: %p\n",a+1);
    printf("数组第二行的地址: %p\n",&a[1]);
    printf("数组第二行首元素 a[1][0]的地址: %p\n",&a[1][0]);
    printf("\n 数组名 a+2 的值: %p\n",a+2);
    printf("数组第三行的地址: %p\n",&a[2]);
    printf("数组第三行首元素 a[2][0]的地址: %p\n",&a[2][0]);
    printf("\n 数组最后一个元素 a[2][3]的地址: %p\n",&a[2][3]);
    printf("\n 输出首元素的元素值: a[0][0]=%d\n",a[0][0]);
    printf("\n 输出末元素的元素值: a[2][3]=%d\n",a[2][3]);
    return 0;
}
```

运行结果如图 6-6 所示。

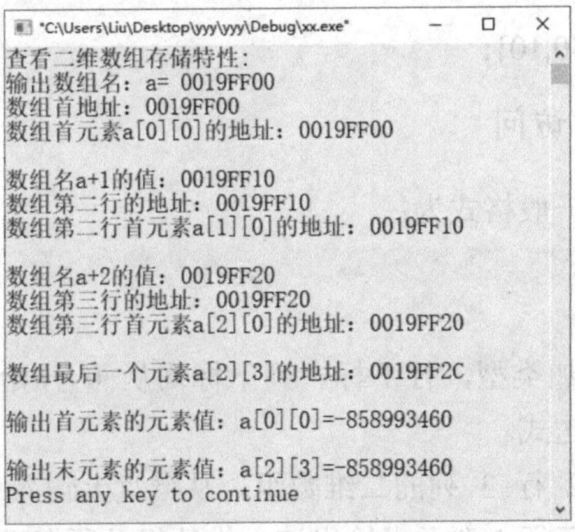

图 6-6　二维数组实例结果

分析：因为数组未进行初始化，也未赋值，所以元素值是随机值。

总结：

（1）仅定义而未进行初始化的二维数组，其元素值一般是相应类型的随机值。

（2）二维数组的实质是：按行进行优先存储的一维数组。第一行存储完毕，开始第二行存储，以此类推。系统为二维数组分配一片连续的按行序排序的内存空间。

（3）数组名代表整个数组的首地址，也就是首行的地址，也是首元素的地址。C 语言的地址一般都是空间首地址。数组名+1 意味着从首地址跨越一整行的内存空间后，第二行所在的首地址。这是针对数组的地址运算。

6.2.2 二维数组的初始化

二维数组初始化一般格式为：

```
类型 数组名[第一维大小][第二维大小] = {初始化值列表};
```

具体来说，可以有以下几种情形：

（1）按行分段初始化。比如：

int a[2][3] = { {2,10,15},{30,-5,28}};

（2）单行连续初始化。比如：

int a[2][3] = { 2,10,15,30,-5,28};

（3）部分初始化。未赋初值的元素值为 0。比如：

int a[2][3] = { {1},{2,10},{-5}};

初始化后各值为：

1	0	0
2	10	0
-5	0	0

（4）如果全部初始化，第一维长度可省略。比如：

int a[2][3] = {2,9,20,-5,30,10};

也可以写成：

int a[][3] = {2,9,20,-5,30,10};

二维数组的遍历

6.2.3 二维数组的访问

二维数组的访问引用一般格式为：

```
数组名[行下标][列下标]
```

注意：

引用数组元素时不能加类型，行下标、列下标均从 0 开始，且行下标和列下标的形式可以为常量、变量或表达式。

例题 6-7：定义一个 2 行 3 列的二维数组，从键盘上输入 6 个数值，依次给该二维数组的每个元素赋值，按每行 3 个元素输出该二维数组及所有元素的和。

编程思想：涉及对二维数组的赋值，一般使用双重循环，外层循环控制行下标，内层循环控制列下标。二维数组的每个元素像普通变量一样使用，使用 scanf 函数输入时，元素前面一定要加 &。输入时，可以输入完 6 个数据后按一次回车键。

程序如下：

```
#include <stdio.h>
int main()
{
    int a[2][3],i,j;        /*i，j 为行列的循环变量*/
    printf(“本例涉及二维数组的访问:\n”);
    printf(“请先输入 6 个元素值:”);
    for(i=0;i<2;i++)
       for(j=0;j<3;j++)
             scanf(“%d”,&a[i][j]);
    printf(“反序输出各元素值： \n”);
    for(i=1;i>=0;i--)
       for(j=2;j>=0;j--)
            printf(“数组元素的值：%d\t”,a[i][j]);
    printf(“输出首元素与末元素值的和：%d\n”,a[0][0]+a[1][2]);
    return 0;
 }
```

运行结果如图 6-7 所示。

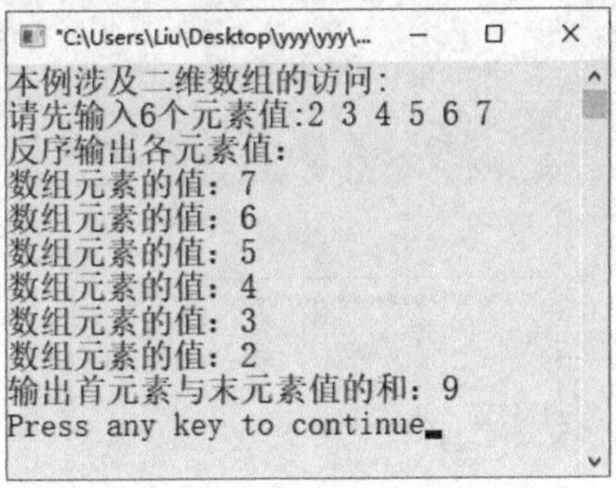

图 6-7　二维数组实例结果

6.2.4　学以致用

下面通过几个实例来学习二维数组的相关用法。

例题 6-8： 将二维数组 x[2][3]={{-5,2,3},{14,5,6}}转置为 y[3][2]。

编程思想：将二维数组作为一个行列组成的矩阵，然后将行列循环的变量数值互换，从而使行数与列数互换。

程序如下：

```
#include <stdio.h>
int main()
```

```
{
    int x[2][3] = {{-5,2,3},{14,5,6}},y[3][2];
    int i,j;  /*行列循环变量*/
    printf("先输出原矩阵：\n");
    for(i=0;i<2;i++)
    {
        for(j=0;j<3;j++)
            {
                printf("%d\t",a[i][j]);
            }
          printf("\n");
     }
    printf("进行转置，并输出：\n");
    for(i=0;i<3;i++)
      {
        for(j=0;j<2;j++)
          {
              y[i][j] = a[j][i];
              printf("%d\t",y[i][j]);
          }
        printf("\n");
      }
    return 0;
}
```

运行结果如图 6-8 所示。

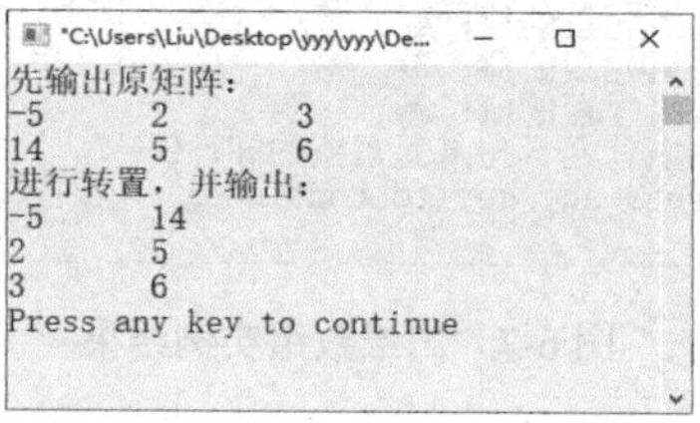
"C:\Users\Liu\Desktop\yyy\yyy\De...
先输出原矩阵：
-5 2 3
14 5 6
进行转置，并输出：
-5 14
2 5
3 6
Press any key to continue

图 6-8　二维数组实例结果

例题 6-9：有一个 3*4 的矩阵，要求编程程序求出其中值最大的那个元素的值，以及其所在的行号和列号。

编程思想：假定首元素为最大值，设立一个存储最大值的临时变量，然后在二维数组下标对应的双重循环中，元素值与最大值变量比较，并存储行列位置值。

程序如下：

```
#include <stdio.h>
int main()
```

```
{
    int x[3][4];
    int i, j;  /*行列循环变量*/
    int row, col, max; /*行值，列值及最值临时变量
    printf("请依次输入 12 个整型元素值：\n");
    for(i=0;i<3;i++)
       for(j=0;j<4;j++)
            scanf("%d",&x[i][j]);
    max = x[0][0];
    printf("开始查找最大值及其位置：");
    for(i=0;i<3;i++)
    {
       for(j=0;j<4;j++)
       {
         if(max<x[i][j]
         {
            max = x[i][j];
            row = i;
            col = j;
         }
       }
    }
   printf("最大元素值： %d,在 %d 行,%d 列\n",max,row,col);
   return 0;
}
```

运行结果如图 6-9 所示。

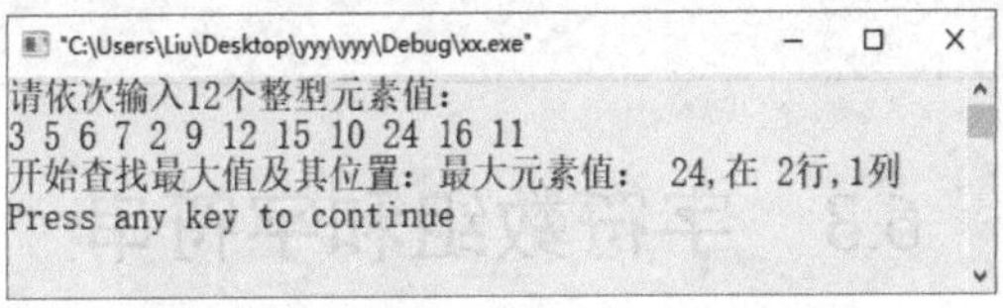

图 6-9 二维数组求最值实例结果

例题 6-10：有一个 5*5 的矩阵，判断是否是全对称的矩阵。

编程思想：所谓全对称，是指比如如果一个二维元素是 a[1][2]=5，而 a[2][1]=5，那么这两个矩阵点就是对称的。如果矩阵中所有点与自己的对称点均符合这一等值关系，那么称该矩阵为全对称。在行列双重循环里，进行行列对称点的等量比较，并设置计数器变量，如果最终计数器值等于元素个数，那么该矩阵就是全对称的。

程序如下：

```
#include <stdio.h>
int main()
{
    int x[5][5]={{30,-5,10,20,1},{20,15,10,-5,20},{20,-5,10,30,1},\
                 {20,30,-5,15,1},{1,20,10,15,30}};
    int i,j,s = 0;  /*行列循环变量,s 为计数器*/
    printf(“请判断是否为全对称矩阵：\n”);
    for(i=0;i<5;i++)
    {
       for(j=0;j<5;j++)
       {
       if(x[i][j]==x[j][i])
          {
                s++;
          }
       }
    }
   if(s==25)
       printf(“是全对称的\n”);
   else
       printf(“是非全对称的\n”);
   return 0;
}
```

☆直通在线课

“二维数组的遍历”这部分内容在在线课中给大家提供了丰富多样的学习资料。

6.3 字符数组和字符串

所谓字符数组，顾名思义就是用来存放若干字符的数组。无论一维字符数组还是二维字符数组，在内存存储、元素下标排序等方面与其他数组一样，遵循相同的规则。

C 语言没有字符串这种类型，通常使用字符数组来存储一个字符串。在 C 语言中字符串总是以“\0”作为结束符的。

6.3.1 字符数组的定义

一维字符数组定义的一般格式如下：

```
char 数组名[数组长度];
```

二维字符数组定义的一般格式如下：

```
char 数组名[行的长度][列的长度];
```

例如：

char c[10];

该语句定义了一个一维字符数组 c，大小为 10，即占 10 个字符变量空间。由于没有显式给每个字符变量赋值，故每个字符变量为随机值。

char c[3][10];定义了一个 3 行 10 列的二维字符数组 c。

注意：

在单纯定义而不初始化的情况下，表示长度的部分不可以为空。

比如：定义一维数组 char a[5]或二维数组 char b[4][5]都是正确的。而定义 char a[]或 char a[5][]则意味着大小不确定的字符数组，编译器认为它们是错误的。

6.3.2 字符数组的初始化

字符串的存储

字符数组可以存储若干个字符，也可以存放字符串。字符串数组是一种特殊的字符数组。当字符数组以空字符'\0'结尾时，就是一个字符串数组，反之就是字符数组。所以说，字符串数组，就是特殊的字符数组。

C 语言字符数组的初始化有以下几种情形：

（1）完全初始化。所有元素都逐个赋予初值。这种情况可以省去长度。

比如：

char a[5] = {'H','e','l','l','o'};

或：char a[] = {'H','e','l','l','o'};

（2）部分初始化。所给的初值依次赋给从首元素开始的相应个数的元素，其余的元素自动定为空字符（即'\0'）。

比如：

char a[10] = {'H','e','l','l','o'};

（3）将字符串赋给字符数组。这时，数组必须为字符串的结束符'\0'分配一个字节的内存空间。因此，必须注意数组长度，必须将字符串结束符'\0'计算进去。

比如：char a[11] = {"I am happy"};

也可以写成：char a[11] = "I am happy";

因为系统会根据初值计算字符数组的长度，所以一般常写成：char a[] = "I am happy";。

（4）二维字符数组的初始化。通常情况下，二维数组的每一行分别使用一个字符串进行初始化。例如：

char c[3][8] = {{"apple"},{"orange"},{"banana"}};

等价于：char c[3][8] = { "apple","orange","banana" };

还等价于：char c[][8] = { "apple","orange","banana" };

例题 6-11：计算不同初始化的字符数组的大小。

编程思想：针对不同的初始化，理解字符数组存储字符串的特殊之处。

程序如下：

```
#include <stdio.h>
int main()
{
    char x[] = {‘h’,’e’,’l’,’l’,’o’};
    char y[] = “hello”;
    int len1 = sizeof(x);
    int len2 = sizeof(y);
    printf(“请输出不同初始化字符数组的长度：\n”);
    printf(“普通字符数组 x 的长度：%d\n”,len1);
    printf(“字符串数组 y 的长度：%d\n”,len2);
    return 0;
}
```

运行结果如图 6-10 所示。

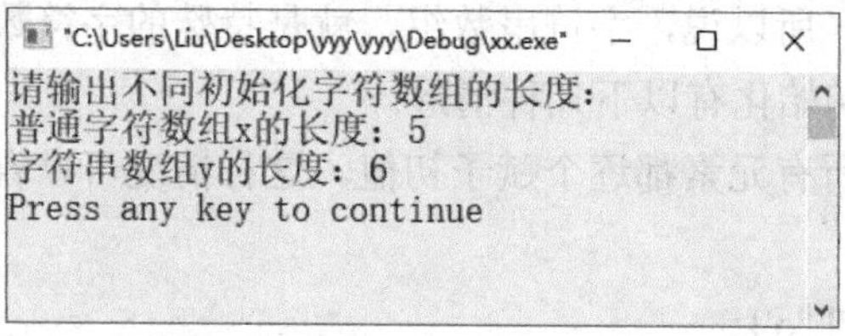

图 6-10　字符数组实例结果

6.3.3　字符数组的访问

1. 一维字符数组的访问

字符数组中的每一个元素都是一个字符，可以使用数组名加下标的形式来访问数组中的每一个字符。

比如：char C[] = "hello"定义了一个字符数组 C，以字符串来进行初始化。该数组长度为 6，前 5 个元素分别为字符'h'，'e'，'l'，'l'，'o'，第 6 个字符为结束符'\0'。其存储形式如图 6-11 所示。

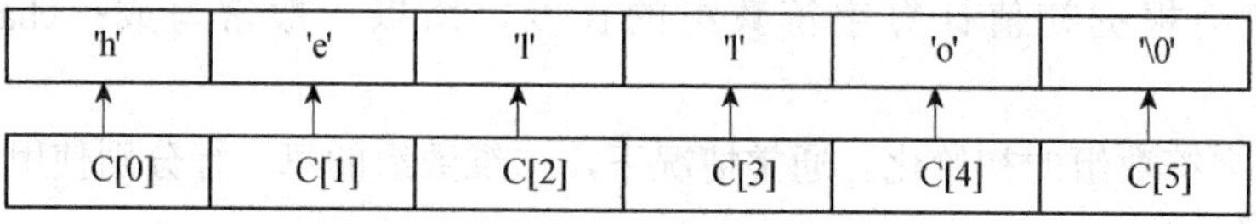

图 6-11　字符数组的逻辑存储

可以使用 C[i]访问数组中的每一个元素。例如：

C[2] = 'F'把字符'F'赋给元素 C[2]。

scanf("%c",&C[3])输入一个字符，保存到元素 C[3]所在的内存单元里。

printf("%c",C[4])输出元素 C[4]的字符值。

2. 二维字符数组的访问

比如二维字符数组 char c[3][8]={ "apple","orange","banana" }，该数组的逻辑结构见表 6-1。

表 6-1 二维字符数组的逻辑结构

行	列							
	0	1	2	3	4	5	6	7
c[0]	a	p	p	l	e	\0	\0	\0
c[1]	o	r	a	n	g	e	\0	\0
c[2]	b	a	n	a	n	a	\0	\0

分析：由于该二维数组的每一行 c[0]、c[1]、c[2]均是含有 8 个元素的一维字符数组，即二维数组的每一行均可表示一个字符串。

对二维字符数组的访问，可以使用行下标和列下标引用二维字符数组中的每个字符元素。我们还以数组 c 为例进行说明。

printf("%c",c[2][3])表示输出 2 行 3 列元素'a'字符。

scanf("%c",&c[2][3])表示输入一个字符到 2 行 3 列的元素（内存单元）中。

c[2][1] ='B'表示把字符赋值给 2 行 1 列的元素。

printf("%s",c[2])，c[2]为第 3 行的数组名（首元素地址），输出 banana。

scanf("%s",c[1])输入字符串到 c[1]行，从 c[1]行的首地址开始存放串。

6.3.4 字符串处理函数

字符串的输入/输出和常用函数

C 语言标准库中头文件 string.h 定义了字符串相关的处理函数。具体字符串处理函数见表 6-2。

表 6-2 字符串处理函数

函数	说明
size_t strlen(cs)	返回字符串长度，不包括结束符 null
char *strcpy(t1,t2)	将串 t2（包括'\0'）复制到 t1，并返回 t1
char *strcat(t1,t2)	把 t2 连接到 t1 后，并返回 t1
int strcmp(t1,t2)	比较字符串 t1，t2 的大小，根据字符的大小返回负，零，正数
char *strncpy(t1,t2,n)	把 t2 串的前 n 个字符复制到 t1 串中，并返回 t1 串
int strncmp(t1,t2,n)	比较字符串 t1，t2 的前 n 个字符大小，根据字符的大小返回负，零，正数

（续表）

函数	说明
char *strchr(str,c)	返回 c 字符在 str 串中第一次出现的位置，如不存在，返回 null
char *strstr(str1,str2)	返回子串 str2 在串 str1 中第一次出现的位置
void *memcpy(void*dest, const void *src, size_t n)	由 src 指向地址为起始地址的连续 n 个字节的数据复制到以 dest 指向地址为起始地址的空间内。函数返回一个指向 dest 的指针
void *memset(void *s, int c, unsigned long n);	将指针变量 s 所指向的前 n 字节的内存单元用一个“整数”c 替换，注意 c 是 int 型的。s 是 void*型的指针变量，所以它可以为任何类型的数据进行初始化

下面通过实例一起来学习几种字符串处理函数的用法。

例题 6-12： 执行拷贝字符串。

编程思想：通过使用 strcpy()处理函数，来实现字符串的拷贝。注意：a 所指的内存如果空间不够大，可能会造成缓冲溢出（Buffer Overflow）的错误情况。

程序如下：

```
#include <stdio.h>
#include <string.h>
int main()
{
    char a[30] = "Hello,me!";
    char b[] = "How are you?";
    printf("执行拷贝之前 a 串： %s\n",a);
    printf("执行拷贝之后：%s\n",strcpy(a,b));
    return 0;
}
```

运行结果如图 6-12 所示。

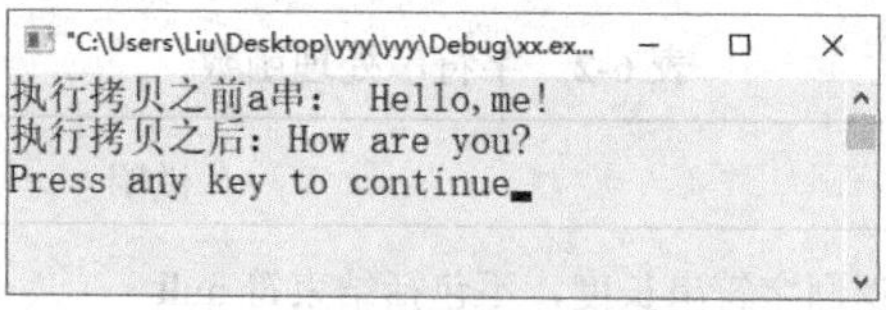

图 6-12　字符数组拷贝实例结果

例题 6-13： 使用 strcmp()函数比较用户输入的两个字符串。

编程思想：strcmp(str1,str2)会根据 ASCII 编码依次比较 str1 和 str2 的每一个字符。如果返回值<0，则表示 str1 小于 str2。如果返回值>0，则表示 str2 小于 str1。如果返回值=0，则表示 str1 等于 str2。

程序如下：

```
#include <stdio.h>
```

```
#include <string.h>
int main()
{
    char str1[50] = {0};
    char str2[50] = {0};
    int i = 1;
    do {
        printf(“--------用户第 %d 次输入------\n”,i);
        gets(str1);
        gets(str2);
        i++;
        }while(strcmp(str1,str2)
     return 0;
  }
```

运行结果如图 6-13 所示。

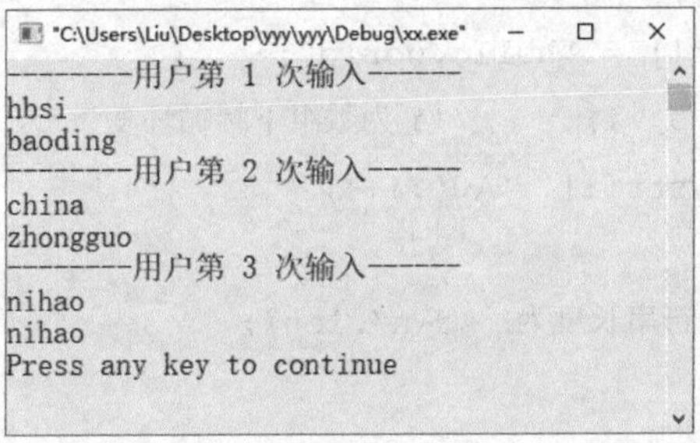

图 6-13　字符数组比较实例结果

例题 6-14：拼接字符串。

编程思想：函数原型 char *strcat (char *dest,const char *src)。strcat()会将参数 src 字符串复制到参数 dest 所指的字符串尾，第一个参数 dest 要有足够的空间来容纳要复制的字符串。

程序如下：

```
#include <stdio.h>
#include <string.h>
int main()
{
    char dest[30] = “Hello,”;
    char src[] = “World!”;
    strcat(dest,src);
    printf(“拼接后串 dest 为:%s\n”,dest);
    return 0;
  }
```

运行结果如图 6-14 所示。

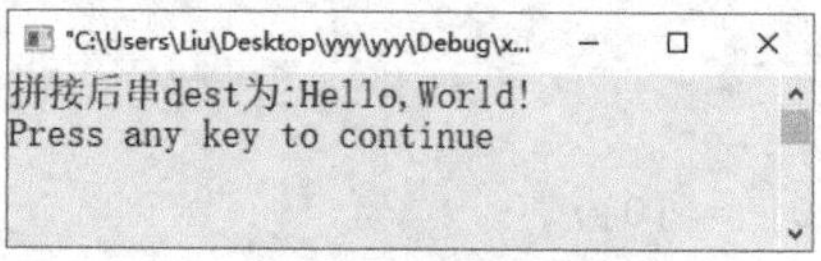
"C:\Users\Liu\Desktop\yyy\yyy\Debug\x...
拼接后串dest为:Hello,World!
Press any key to continue

图 6-14　字符串实例结果

6.3.5　学以致用

例题 6-15：计算一个字符串的长度。

编程思想：把字符串保存在一维字符数组中，其长度用 len 表示，初始为 0。算法为：从该数组的首元素（0 号位置）开始，只要当前元素不为'\0'，len 加 1，直到遇到结束符'\0'为止，此时 len 的值即为该字符串的长度。

程序如下：

```
#include <stdio.h>
int main()
{
    char mystr[] = “hello,world”;
    int len = 0, i;       /*i 为数组下标循环变量*/
    for(i=0;mystr[i]!=’\0’;i++)
     len++;
  printf(“该字符串长度为：%d\n”,len);
  return 0;
}
```

运行结果如图 6-15 所示。

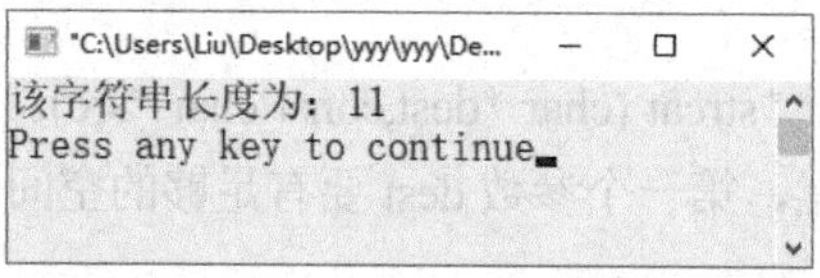
"C:\Users\Liu\Desktop\yyy\yyy\De...
该字符串长度为：11
Press any key to continue

图 6-15　字符串长度实例结果

例题 6-16：一次性输出字符数组中的字符串。

编程思想：把字符串保存在一维字符数组中，可以实现一次性输出字符串，不需要建立下标循环逐个输出字符元素。

程序如下：

```
#include <stdio.h>
int main()
{
    char str1[20] = “hello,world”;
    char str2[] = “make you like”;
```

```
    char str3[] = “how are you?\0and you?”;
    printf(“str1:%s\n”,str1);
    printf(“str2:%s\n”,str2);
    printf(“str3:%s\n”,str3);
    return 0;
}
```

运行结果如图 6-16 所示。

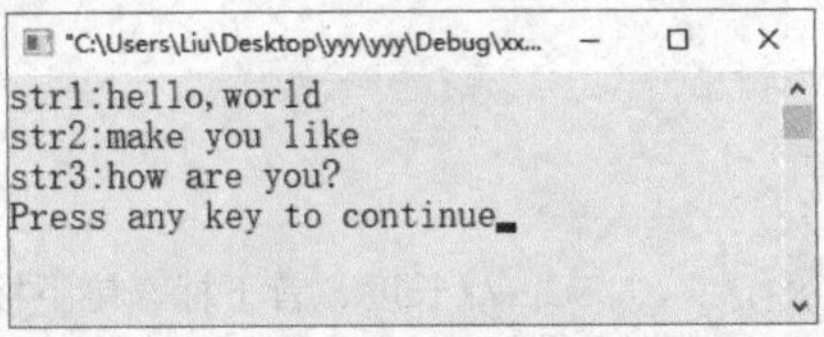
"C:\Users\Liu\Desktop\yyy\yyy\Debug\xx...
str1:hello,world
str2:make you like
str3:how are you?
Press any key to continue

图 6-16　字符串输出实例运行结果

分析：字符串一旦遇到结束符'\0'，该字符串就结束，后面的部分就没意义了。

例题 6-17：二维字符数组中的操作访问。

编程思想：可以使用行下标和列下标引用二维字符数组中的每个元素（字符）。二维数组的每一行均可表示一个字符串。每一行是一个字符串数组。

程序如下：

```
#include <stdio.h>
int main()
{
    char c[3][5] = {“apple”,”banana”,”pear”};
    int i;  /*行循环变量*/
    printf(“1 行 3 列的元素值: c[1][3]=%c\n”,c[1][3]);
    printf(“对 2 行 2 列元素重新赋值为 A: \n”);
    c[2][2] = ‘A’;
    for(i=0;i<3;i++)
     printf(“%s\n”,c[i]);
    return 0;
 }
```

运行结果如图 6-17 所示。

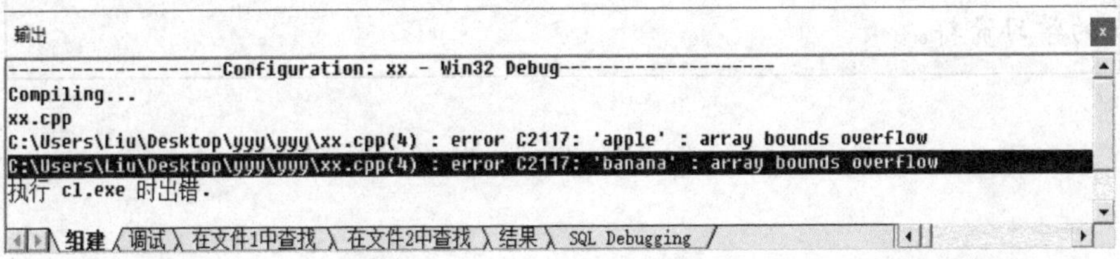
输出
--------------------Configuration: xx - Win32 Debug--------------------
Compiling...
xx.cpp
C:\Users\Liu\Desktop\yyy\yyy\xx.cpp(4) : error C2117: 'apple' : array bounds overflow
C:\Users\Liu\Desktop\yyy\yyy\xx.cpp(4) : error C2117: 'banana' : array bounds overflow
执行 cl.exe 时出错.
组建 调试 在文件1中查找 在文件2中查找 结果 SQL Debugging

图 6-17　二维字符数组实例结果

分析：因为第一行的 apple 与第二行的 banana 字符串长度都超过了列长度 5，所以会产生错误。因此在存储字符串时，需要注意必须提供足够的长度空间，否则会发生溢出。

例题 6-18：将一个字符串首尾互换后输出。

编程思想：先以 strlen 求取字符串的长度，然后在循环中定位首尾元素后，实现互换。

程序如下：

```
#include <stdio.h>
#include <string.h>
int main()
{
    char a[100];
    int len,i,j;              /*长度、首下标、尾下标*/
    printf(“请输入字符串\n”);
    gets(a);
    len = strlen(a);
    i = 0;
    j = len - 1;            /*首、尾最两端的下标*/
    while(i<j)
      {
        t = a[i];
        a[i] = a[j];
        a[j] = a[i];
        i++;
        j--;
      }
    printf(“请输出处理后的字符串：\n”);
    puts(a);
    return 0;
}
```

☆直通在线课

“字符数组的访问”这部分内容在在线课中给大家提供了丰富多样的学习资料。

6.4 在线课程学习

一、学习收获及存在的问题

本章学习收获：

存在的问题：

二、"课堂讨论"问题与收获

"课堂讨论"问题：

"课堂讨论"收获：

三、"老师答疑"问题与收获

"老师答疑"问题：

"老师答疑"收获：

四、"综合讨论"问题与收获

"综合讨论"问题：

"综合讨论"收获：

五、"测验与作业"收获与存在的问题

"测验与作业"收获：

"测试与作业"存在的问题：

我们学到了什么

本章主要介绍了数组的概念、定义及初始化，数组的访问处理，包括一维数组、二维数字、字符数组。数组是 C 语言中处理批量同类型数据常用的手段。重点在于把握数组的边界及存储特性。还有需要注意 C 语言中字符串的特征，以及存储在字符数组中避免内存溢出的问题。二维数组学习的重点是要把握行名代表了相应一维数组的首地址，而且二维数组的实质也是按一维方式进行按序存储的。

牛刀小试——练习题

一、选择题

1．定义二维数组：int a[3][6]，按在内存中的存储，a 数组的第 10 个元素是（　　）。

A．a[0][5]　　　　B．a[1][4]

C．a[1][3]　　　　D．a[2][0]

2．下列数组初始化中不正确的是（　　）。

A．int a[][3] = {{1，2，4}，{4，6，10}};　　B．int a[][3] = {0};

C．int a[2][3] = {{1,4},{5,2},{20,13}};　　D．int a[2][3] = {2,4,3,10,20,34};

3．以下定义一维数组中正确的是（　　）。

A．int k=10;int a[k];　　B．int a(10);

C．int a[10];　　D．int a[1..10];

4．int a[4][4] = {{1,4,6},{20,35,1},{12,0},{5}}，那么 printf("%d %d %d %d",a[0][3],a[1][2],a[2][2],a[3][0])的结果是（　　）。

A．0 1 0 5　　B．6 35 0 0

C．4 35 12 5　　D．0 35 0 5

5．假定一个 int 整型占据 2 个字节，定义 int a[10]={2,3,5}，那么数组 a 在内存中占用字节数是（　　）。

A．6　　B．10

C．不定　　D．20

6．定义数组 int aa[8]，那么不能代表元素 aa[1]的地址的是（　　）。

A．&aa[0]++　　B．aa + 1

C．&aa[0] + 1　　D．&aa[1]

7．如定义一个名称为 s，初始值为“123”的字符数组，下列定义中错误的是（　　）。

A．char s[] = {'1','2','3','\0'};　　B．char s[] = "123";

C．char s[] = {"123\n"};　　D．char s[4] = {'1','2','3'};

二、程序分析题

下段程序是输入 N 个实数，然后依次输出：前 1 个实数和、前 2 个实数和……前 N 个实数和。填写程序中缺少的语句。

```
#include <stdio.h>
#define N 10
int main()
{
float m[N],x=0.0;
int i;
for(i=0;i<N+1;i++)
   scanf("%f",&m[i]);
for(i=1;i<N;i++)
{
   ____________________;
   printf("Sum of NO: %2d----%f\n",i,x);
}
return 0;
}
```

三、编写程序

1．定义一个 10 个长度的整型数组，输入 10 个元素值，并输出数组中为奇数的元素及其所在位置。

2．定义一个10个长度的实型数组，输入10个元素值，统计出平均值，输出高于平均值的总个数，并按从小到大的顺序输出各元素。

3．输入一个字符串（不包含空格），将其对应的首尾互换，处理后再连接原字符串，输出最终处理结果。

4．输入一个字符串（不包含空格），删除字符串中ASCII码值能被3整除的字符，剩余的字符按从小到大的顺序输出。

第7章　从搭积木说起——函数

引　入

积木几乎是我们每个人小时候的玩伴，积木中每个颗粒都是独立的，通过小朋友的创想，把它们拼装到一起可以构成不同的场景。C 语言中也有实现类似功能的结构——函数。使用函数可以简化程序结构，达到程序模块化的目的，也可以节省编写相同代码的时间，提高代码的复用性。C 语言是函数式语言，函数是程序的基本单位，是 C 程序设计的基础，也是 C 语言学习的重点。

本章主要知识点

◎ 函数的定义和声明。
◎ 函数的调用。
◎ 函数的参数传递。
◎ 递归函数。
◎ 变量的作用域与存储类别。

本章难点

◎ 函数的参数传递。
◎ 函数的递归调用。

7.1　函数概述

C 语言是函数式语言，函数是 C 语言程序的基本单位。面向过程的程序设计方法为了清楚地描述程序的结构，需要将一个复杂的任务划分为若干个相对独立又相互关联的子任务，每一个子任务由一个函数来完成。函数是一个相对独立的、能够完成某一特定功能的程序模块。

7.1.1　C 语言程序的结构

一个简单的 C 语言程序，可能只包含一个主函数 main()。而一个稍微复杂的 C 语言程序，就可能包含多个函数，并且一般不会把所有的函数放在一个源文件中，而是把它们分别存放在不同的源文件中。每个源文件是一个编译单位。图 7-1 给出了 C 语言程序结构示意图，以便帮助读者了解 C 程序的整体架构。

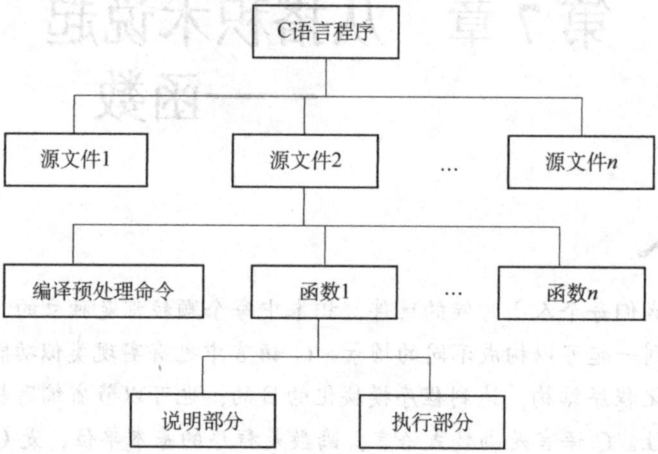

图 7-1　C 语言程序结构

通过这个结构图，需要了解一个 C 程序由若干个源文件构成，一个源文件中又包含编译预处理命令和若干个函数。在这若干个源文件的若干个函数中，有且仅有一个 main() 函数，它是整个程序的入口和出口。在 main()中可以调用其他函数，其他函数之间可以互相调用。

7.1.2　函数的作用

函数可以简化程序的结构，达到程序模块化的目的，也可以节省编写相同代码的时间，提高代码的复用性。通过下面的例题来体会函数的作用。

例题 7-1：编写程序求 C_{nm}。

编程思想：通过数学知识可以知道 $C_{nm}=n!/(m!\times(n-m)!)$。所以要想求出这个结果，在编写程序时，需要求 n 的阶乘、m 的阶乘和（$n-m$）的阶乘，也就是要求三次阶乘。

程序如下：

```
#include <stdio.h>
int main()
{
    int m, n, i;
    double s1 = 1, s2 = 1, s3 = 1, s; /*s1,s2,s3用来存放阶乘的结果，s存放最终的结果*/
    printf("please input m,n(m<=n):");
    scanf("%d%d", &m, &n);
    for(i = 1; i <= n; i++)
    {
```

```
            s1 *= i;/*n 的阶乘*/
        }
        for(i = 1; i <= m; i++)
        {
            s2 *= i; /*m 的阶乘*/
        }
        for(i = 1; i <= n - m; i++)
        {
            s3 *= i; /*n-m 的阶乘*/
        }
        s = s1 / ( s2 * s3 );
        printf("result:%.0lf\n",s);  /*因为结果不会有小数部分，所以小数位数为 0*/
        return 0;
}
```

在这个程序中，求阶乘这个操作需要执行 3 次，几乎完全相同的代码重复写了 3 遍，只是针对的数据不一样。这样做其实是很不合理的，在这种情况下，就要使用函数。把求阶乘这个功能用一个函数来实现，这样，在需要求阶乘时，就不需要一遍遍去写代码，直接调用就可以。这样既节省了时间又使得程序的结构更加清晰。

使用函数后的代码如下：

```
#include <stdio.h>
double fact();/*函数的声明*/
int main()
{
    int m, n;
    double s1, s2, s3, s;
    printf("please input m,n(m<=n):");
    scanf("%d%d", &m, &n);
    s1 = fact(n);/*调用函数*/
    s2 = fact(m);
    s3 = fact(n - m);
    s = s1 / ( s2 * s3 );
    printf("result:%.0lf\n",s);
    return 0;
}
double fact(int n) /*定义一个函数，在需要求阶乘时，调用它即可*/
{
    int i;
```

```
    double s = 1; /*因为阶乘的结果数值较大，需要定义为浮点型*/
    for(i = 1; i <= n; i++)
    {
        s *= i;
    }
    return s;
}
```

7.1.3　函数的分类

站在用户的角度，可以将函数分为两类。

一类是标准函数或者称为库函数，它们是由系统创建的具有一定功能的函数的集合，被分门别类地放在了不同的头文件中。例如，一直在使用的printf()和scanf()就是系统提供的库函数。在使用某一库函数的时候，需要在程序中引入该函数所在的头文件（#include<头文件>）。为什么在程序开头都需要写上"#include <stdio.h>"？就是因为printf()和 scanf()等函数都是在"stdio.h"头文件中定义的。

C 语言的库函数极大地方便了用户，这些函数都是专家编写的，执行效率极高。所以在编写 C 语言程序时，使用库函数既可以提高程序的运行效率，又可以提高编程的质量。

除了库函数，还有一类就是用户自己编写的函数，称为自定义函数。它们可以拓展程序的功能。在这一部分中，要学习的就是用户自定义函数。一个函数从设计到使用，会涉及 3 个方面：函数定义、函数声明和函数调用。

7.2　函数的定义及返回值

函数的定义

7.2.1　函数的定义

在调用一个用户自定义函数之前，需要首先定义这个函数。定义函数就是确定该函数要完成什么功能。定义函数的一般格式如下：

```
[函数类型] 函数名([形式参数列表])  /*函数首部*/
{
   /*函数体*/
   说明部分;
   执行部分;
}
```

函数由函数首部和函数体构成，以下分别说明在定义一个函数时需要注意的问题。

1. 函数首部

（1）函数类型。函数类型是指函数返回值的类型，函数的返回值是指一个函数在执行完后得到的一个以值的形式出现的结果，这个值通常由 return 语句返回。如果一个函数在执行完后，并没有得到一个需要返回的值，而只是达到了某种目的，例如交换了两个数，这时该函数就没有返回值，此时需要将函数定义为 void 类型。

另外，在定义一个函数时，“函数类型”是可以省略的。在 C 语言中函数的默认返回值类型是 int，但是并不提倡使用默认值，也就是在定义一个函数时最好要明确指出函数的类型。

（2）函数名。从语法角度讲，函数名只要是一个合法的标识符即可。但是，在命名一个函数时，除了要合法，最好还要做到见名知意，以提高程序的可读性。另外，在同一个编译单位，即同一个源文件中函数不能重名。

（3）形式参数列表。定义函数时的参数称为形式参数，简称形参。形参可以有一个或者多个，也可以没有形参。如果没有形参，这样的函数就叫作无参函数，反之则称为有参函数。当有多个形参时，每个参数的类型要单独说明，并且参数之间要用逗号隔开。

函数的形参，就是这个函数在执行时需要已知的条件。通常情况下，需要几个已知条件函数就应该有几个形参。例如，要设计一个求两个整数和的函数，这个函数就应该有两个 int 型的形参，因为求两个整数的和，需要已知这两个整数的值。

2. 函数体

函数体由一对花括号来标识，由变量说明部分和执行部分组成，用以实现函数的功能。

3. 函数不能嵌套定义

C 语言的函数定义是平行的、独立的。在一个函数体的内部不能再定义另一个函数，任何一个函数的定义都要在其他函数体的外面，包括 main 函数中也不能定义其他函数，即函数不能嵌套定义。

7.2.2 函数的返回值

函数的返回值是指一个函数在被它的上一级函数调用时，以值的形式返回给上一级函数的一个处理结果。它是由 return 语句来实现的。return 语句的一般格式如下：

```
return [(表达式)];
```

或者：

```
return [表达式];
```

说明：

（1）该语句的功能有两个，一是从该函数中退出。在函数执行过程中如果碰到 return 语句，就会结束当前正在执行的函数，返回上一级的函数。二是把函数的处理结果以值的形式返回给它的上一级函数。

（2）return 语句返回的表达式的类型应该与函数类型一致。如果不一致，则以函数类型为准进行自动类型转换，即将表达式的类型自动转换为函数类型返回。

（3）如果一个函数执行的结果并不是以值的形式出现的，就可能不需要返回值，函数的类型应定义为 void。这时，在函数体中，可以使用 return 语句，也可以不使用。如果使用 return 语句，因为没有返回值，所以就只有一个 return 加分号，即"return;"。在函数执行的过程中，碰到这个 return 语句就会结束执行。如果不使用 return 语句，在碰到函数体结束标识的右花括号"}"时，函数的执行也会结束。

7.2.3 学以致用

例题 7-2：编写函数，输出 5 个星号*。

编程思想：在设计函数之前需要考虑以下问题，一是给这个函数命名，遵循见名知意的命名原则，函数名为 printStar5；二是考虑需要几个形参，函数要实现的功能是输出 5 个星号，因为已经明确告诉读者要输出 5 个星号，所以要实现这个功能不需要再已知其他条件，因此这个函数不需要形参；三是函数类型，这个函数的执行结果是输出 5 个星号，它的结果并不是以值的形式出现的，所以函数类型应该为 void。基于这些考虑，函数定义如下：

```
void printStar5() /*无参无返回值*/
{
    printf("*****\n");
}
```

例题 7-3：编写函数，输出 n 个星号（*）。

编程思想：设计这个函数同样需要考虑在例题 7-2 中提出的 3 个问题。一是函数名为 printStar；二是形参个数，这个函数要求实现的功能是输出 n 个星号，所以要实现这个功能，需要知道究竟要求输出几个星号，即需要已知 n 的值，因此这个函数需要一个形参；这个函数类型和例题 7-2 一样应该为 void 类型，函数定义如下：

```
void printStar(int n) /* 有形参无返回值*/
{
  int i;
  for(i = 1; i <= n; i++)/*每循环一次输出一个星号*/
  {
      printf("*");
  }
  printf("\n");
}
```

例题 7-4：编写函数，求两个整数的和。

编程思想：设计这个函数同样需要考虑在例题 7-2 中提出的 3 个问题。一是函数定义为 add；二是形参的个数及类型，因为要求两个整数的和，需要知道是哪两个整数，所以需要两个 int 型的参数；三是函数类型，求两个整数的和，最终得到的结果应该是一个整数值，所以函数类型为 int。基于这些考虑，函数定义如下：

```
int add(int x,int y) /*有形参有返回值*/
{
```

```
    int s;
    s = x + y;
    return s; /*返回求到的和值*/
}
```

☆直通在线课

“函数的定义”这部分内容在在线课中给大家提供了丰富多样的学习资料。

7.3 函数的声明和调用

函数的声明和调用

7.3.1 函数的声明

用户定义一个函数的目的是调用这个函数，以实现函数的功能。调用一个用户自定义函数的前提是这个函数已经被定义过，也就是说应该先定义后调用。但是，为了让程序的结构更清晰、可读性更好，很多时候需要在定义前调用，这时就需要进行函数的声明。函数声明的一般格式如下：

```
函数类型 函数名([形式参数列表]);
```

读者已经发现，函数声明其实就是定义函数时的函数首部加一个分号。另外，在声明一个函数时，如果有形参，可以只写形参的类型而不用写形参变量的名字。例如例题 7-4 中的 add 函数，在做函数声明时可以写为：

```
int add(int x,int y);/*函数首部加分号*/
```

也可以写为：

```
int add(int,int);
```

函数声明的位置通常在编译预处理命令之后，main 函数定义之前。函数声明的作用是告诉编译系统函数的类型、参数的个数及类型，以便检查。并不是任何时候都需要函数声明的，如果定义函数在调用函数之前，就不必做函数声明。

7.3.2 函数的调用

1. 函数调用的一般形式

函数是通过函数名来调用的，函数调用的一般格式如下：

```
函数名([实际参数列表]);
```

说明：

（1）函数名就是需要调用的函数的名称。

（2）实际参数简称实参，实参和形参的个数要相同，类型要一致，顺序一一对应。如果在定义函数时没有形参，调用函数时就不用实参，但是括号不能省略。

（3）实参可以是常量、变量，或者更复杂的表达式，在函数调用时，实参必须有确定的值。

（4）如果在函数 A 执行的过程中调用了函数 B，则函数 A 称为主调函数，函数 B 称为被调函数。

（5）函数不能嵌套定义，但是可以嵌套调用。例如，在 main()函数执行的过程中调用了函数 A，函数 A 执行的过程中又调用了函数 B。即在一个被调函数执行的过程中，还可以调用除 main()之外的其他函数。

2. 函数的调用方式

在 C 语言中，函数的调用方式有 3 种。

（1）函数表达式：函数调用出现在表达式中，这时要求函数有返回值，用函数返回值参与表达式的运算。

例如：z = max(x,y)是一个赋值表达式，把 max 函数的返回值赋予变量 z。

（2）函数语句：函数调用作为一个语句。当一个函数没有返回值时可以以这种方式来调用。例如：printf ("%d",a);和 scanf ("%d",&b);等都属于函数语句。

（3）函数实参：一个函数调用作为另一个函数调用的实参出现。这种情况是把该函数的返回值作为实参使用，所以也要求函数必须有返回值。

3. 函数的调用过程

定义并声明了一个函数后，应该怎么去调用它，函数调用与返回的过程又是什么样的，通过以下的例子来学习一下。

例题 7-5： 定义一个函数，求两个整数中的较大值，并在 main 中调用它。

程序如下：

```
1    #include <stdio.h>
2    int max(int, int); /*函数声明*/
3    int main()
4    {
5        int x = 10, y = 20, m;
6        m = max(x, y);/*函数调用*/
7        printf("%d 与%d 中的较大值为: %d\n", x, y, m);
8        return 0;
9    }
10   int max(int a, int b) /*函数定义*/
11   {
12       int c;/*变量 c 用来保存 a,b 中的较大值*/
13       if(a > b)  c = a;
14       else  c = b;
15       return c;
16   }
```

程序执行及函数的调用过程如下。

（1）程序的执行从 main 开始，执行第 5 行，给变量 x、y、m 分配内存，并给 x、y

赋初值。

（2）执行第 6 行时发生函数调用，这时会暂停主调函数也就是主函数的执行，转而去执行被调函数 max()。

（3）程序执行流程转到被调函数 max()，这时要给形参 a、b 分配内存，并将实参 x、y 的值传递给形参 a、b；然后开始执行被调函数，在第 12 行给被调函数中定义的变量 c 分配内存，然后执行 if 语句，求出两个数中的较大值并赋给变量 c，执行到第 15 行，将变量 c 的值返回给主调函数，被调函数执行结束。

（4）在被调函数执行结束时系统需要做的工作包括：一是释放被调函数中定义的变量 a、b、c；二是结束被调函数的执行，将程序流程返回到主调函数，同时将函数值 c 返回给主调函数，返回主调函数的原则是从哪里来回哪里去。因为是在主调函数的第 6 行发生的函数调用，所以将 c 的值返回到主调函数的第 6 行并赋给变量 m。这时函数的调用过程结束。

（5）程序执行流程返回到主调函数后继续执行后面的语句，直到 main 函数的“return c”;语句，这时，在 main 中定义的变量也将会被释放，整个程序的执行结束。

（6）没有函数声明的情况下，函数的定义要在函数调用之前完成。所以例题 7-5 也可以用以下程序来实现：

```
#include <stdio.h>
int max(int a, int b) /*没有函数声明时，函数定义要在函数调用前完成*/
{
    int c;/*变量 c 用来保存 a,b 中的较大值*/
    if(a > b)  c = a;
    else  c = b;
    return c;
}
int main()
{
    int x = 10, y = 20, m;
    m = max(x, y);/*函数调用*/
    printf("%d与%d中的较大值为：%d\n", x, y, m);
    return 0;
}
```

由于一个程序的执行是从 main()开始的，在程序功能较复杂时，这样的结构可读性不是很好，所以建议读者在使用函数时，要有函数的声明，声明写在 main()的前面，第一个函数定义是 main()函数。

> **☆直通在线课**
>
> "函数的声明及调用"这部分内容在在线课中给大家提供了丰富多样的学习资料。

4. 函数的嵌套调用

C 语言中函数间不能嵌套定义，但可以嵌套调用，即在一个被调函数执行的过程中，又可以调用另一个函数。函数嵌套调用和返回的过程如图 7-2 所示。

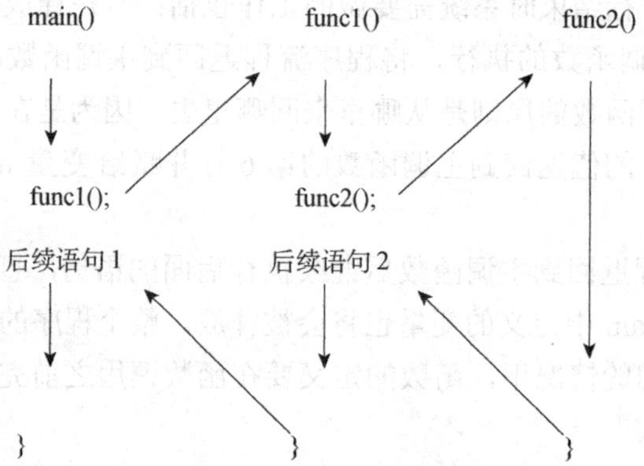

图 7-2　函数的嵌套调用

说明：

（1）程序从 main 开始执行。

（2）遇到函数调用语句"func1();"时会暂停 main()的执行转而去执行 func1()函数。

（3）在执行 func1()的过程中，又遇到函数调用语句"func2();"，这时会暂停 func1()的执行转而去执行 func2()函数。

（4）在 func2()函数执行结束后，返回 func1()函数中的"后续语句 2"处继续执行。

（5）在 func1()函数执行结束后，返回 main()函数中的"后续语句 1"处继续执行，直到 main()函数执行完，整个程序的执行结束。

例题 7-6： 函数的嵌套调用：求 $1^3+2^3+3^3+\cdots+10^3=?$

编程思想：定义一个函数，用来求一个数的立方，再定义一个函数用来求立方的和。

程序如下：

```
#include <stdio.h>
int sum(int);
int cube(int);
int main()
{
    int s, n = 10;
    s = sum(n);/*在 main()中调用 sum()*/
    printf("s=%d\n", s);
```

```
    return 0;
}
int sum(int m) /*求1到m的立方和函数*/
{
    int ss = 0, i;
    for(i = 1; i <= m; i++)
    {
        ss += cube(i);/*在sum()中调用cube()*/
    }
    return ss;
}
int cube(int x) /*求立方函数*/
{
    int c;
    c = x * x * x;
    return c;
}
```

说明：在main()函数执行的过程调用了sum()函数，在sum()执行的过程中又调用了cube()。这就是函数的嵌套调用。

7.4 函数参数的传递

函数调用参数传递与函数调用方式

7.4.1 函数参数的传递方式

在发生函数调用时，主调函数与被调函数之间存在着数据传递。一方面主调函数通过参数将待处理的数据传递给被调函数，另一方面被调函数通过return语句或者其他机制将处理结果传递回主调函数。这一节主要讨论在发生函数调用时，实参与形参之间的数据传递方式。

在C语言中，参数的传递方式有两种：传值和传地址（实质都是传值）。这里主要分析传值的方式。所谓传值，就是在发生函数调用时，先计算实参表达式的值，然后把该值传递给形参。

例如，在例题7-5中，在第6行中发生了函数调用。

```
6       m = max(x, y);/*函数调用*/
```

这时会把实参x的值10传递给形参a，实参y的值20传递给形参b。因为在函数调用时，需要把实参的值传递给形参，所以在函数调用前，实参表达式一定要有确定的值。

例题7-7：定义一个函数，求矩形的面积，并在main()中调用它。

编程思想：在主函数中输入矩形的长和宽，通过调用求面积函数计算出矩形面积，然后返回给主调函数即主函数。

程序如下：

```
1    #include <stdio.h>
2    int area(int, int);/*函数声明*/
3    int main()
4    {
5        int x, y, s;/*x,y,s 分别表示矩形的长、宽和面积*/
6        printf("请输入矩形的长和宽：");
7        scanf("%d%d",&x,&y);/*输入时使用系统默认的分隔符*/
8        s = area(x, y);/*函数调用*/
9        printf("矩形的面积为：%d\n", s);
10
11   }
12   /*函数定义*/
13   int area(int h, int w) /*h,w 分别表示矩形的长和宽*/
14   {
15       int a;/*表示矩形的面积*/
16       a = h * w;
17       return a; /*将面积返回给主调函数*/
18   }
```

说明：

程序执行到第 7 行时通过 scanf 给变量 x、y 赋值，然后在第 8 行中发生函数调用时 x、y 已有确定值，这时会暂停主调函数的执行，并且把 x、y 的值传递给形参 h、w，然后转到被调函数 area()执行，完成了从主调函数到被调函数的数据传递。然后，通过执行被调函数求出面积 a，最后通过 return 语句将处理的结果 a 传递回主调函数。

例题 7-8： 定义一个函数，用来交换两个变量的值，并在 main()中调用它。

编程思想：在 main()中输入两个待交换变量的值，通过调用交换函数交换两个变量的值，最后在 main 中输出交换后的结果。

程序如下：

```
#include <stdio.h>
void swap(int, int);
int main()
{
    int x, y;
    printf("input x,y:");
    scanf("%d%d",&x, &y);/*给 x,y 赋值*/
    printf("交换前：x=%d,y=%d\n", x, y);
```

```
9        swap(x, y);/*调用函数，交换x,y的值*/
10       printf("交换后：x=%d,y=%d\n", x, y);
11       return 0;
12   }
13   void swap(int a, int b)
14   {
15       int temp;
16       temp = a;
17       a = b;
18       b = temp;
19   }
```

程序运行结果如图7-3所示，在程序运行后读者会发现并没有得到预期的结果。程序在调用交换函数后x、y的值并没有改变。

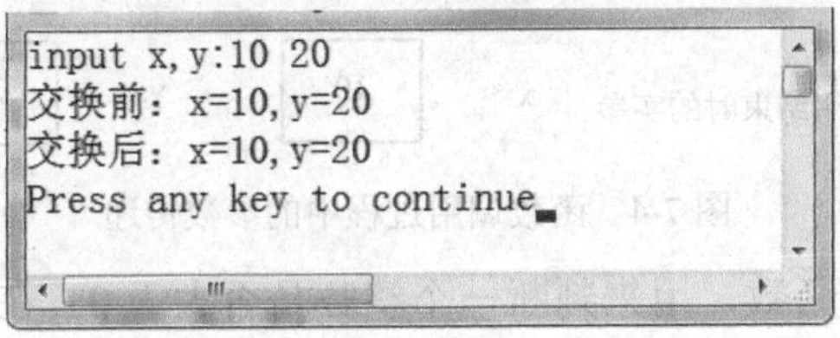
input x,y:10 20
交换前：x=10,y=20
交换后：x=10,y=20
Press any key to continue

图7-3 例题7-8程序运行结果

说明：

（1）在第9行中发生函数调用时，将实参x、y的值传递给形参a、b，这时形参a、b与实参x、y分别占用不同的存储空间，形参与实参之间再无瓜葛。

（2）在swap函数执行时，只是交换了形参a、b的值，这种改变并不能返回给实参。即这种参数传递是单向的，只能从实参传递给形参，当形参发生改变时，并没有传回的机制。

（3）要想实现这个程序所要求的功能，必须借助C语言中“指针”这种数据类型，通过指针作为函数参数来实现参数的“双向”传递，这里暂不讨论。

执行过程中内存的占用及参数传递情况如图7-4所示。

7.4.2 数组作为函数参数

一维数组作为函数参数

数组作为函数参数有两种情况，一种是数组元素作函数实参，一种是数组名作函数参数（可以用作实参和形参）。

1. 数组元素作为函数实参

当数组元素作实参时，由于数组元素就是一个变量，它与普通变量并无区别，因此它作为函数实参与普通变量是完全相同的。这时，都是将实参的“值”传递给形参，参数传递是单向的，只能将数组元素的值传递给形参，不能带传回变化的值。

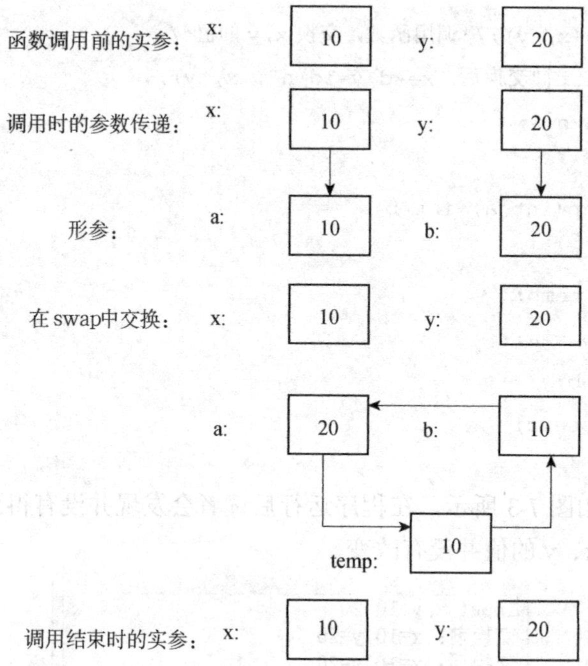

图 7-4　函数调用过程中的参数传递

例题 7-9：定义一个函数，用来判断一个整数是否大于 0。在 main 中调用它，实现判断一个数组中所有元素是否大于零的功能。

编程思想：定义一个函数，这个函数的形参为一个整型变量，在函数体中判断它是否大于零，然后输出相应的提示信息。在 main()中将已经定义并初始化过的数组中的每个元素作为实参传递给被调函数，完成题目要求的功能。

程序如下：

```
#include <stdio.h>
void determine(int);
int main()
{
    int a[5]={4,-3,8,2,-6} , i;
    for(i = 0; i < 5; i++)
    {
       determine(a[i]);/*实参为数组元素，将它的值传递给形参*/
    }
    return 0;
}
void determine(int x)  /*形参为 int 变量*/
{
    if(x > 0)
    {
```

```
            printf("%d>0\n", x);
        }
        else
        {
            printf("%d<=0\n", x);
        }
    }

```

2. 数组名作函数参数

当数组名作函数参数时，首先要求实参和相对应的形参都必须是类型相同的数组，都必须有明确的数组声明。当形参和实参两者不一致时会发生错误。另外，数组名作函数参数时，编译系统并不为形参数组分配内存，而是将实参数组的首地址传递给形参数组，实参数组与形参数组占用相同的内存空间，形参数组和实参数组实际上为同一数组，可以实现数据的“双向”传递。

例题 7-10： 定义一个函数，用冒泡排序法将一个数组从小到大进行排序，并在 main 中调用它。

编程思想：函数的功能是要给一个数组排序，所以形参应该是待排序的数组。另外，在数组作函数参数时，还需要传递数组中的元素个数，所以这个排序函数，需要两个参数，一个是待排数组，一个是数组中的元素个数。

程序如下：

```
#include <stdio.h>
void sort(int [], int);
int main()
{
    int b[8] = {6, 3, 10, 1, 20, 8, 15, 12}, i;
    sort(b, 8);/*实参是与形参类型相同的数组*/
    for(i = 0; i < 8; i++)
    {
      printf("%d\t", b[i]);
    }
    printf("\n");
    return 0;
}
void sort(int a[], int n)/*形参为数组，n 为数组 a 中的元素个数*/
{
    int i, j, t;
    for(i = 1; i < n; i++)
    {
```

```
19          for(j = 0; j< n - i; j++)
20          {
21              if(a[j] > a[j+1]){
22                  t = a[j];
23                  a[j] = a[j+1];
24                  a[j+1] = t;
25              }
26          }
27      }
28  }
```

说明：

（1）数组名作函数参数时，不但要传递数组本身，还需要传递数组中的元素个数。

（2）第 6 行在发生函数调用时，是将实参数组 b 的首地址传递给形参数组 a，这样数组 b 与 a 占用的是同一段内存，其实就是同一个数组。所以在被调函数中对数组 a 进行了排序，这个排序的结果也可以在数组 b 中体现出来，在 main()中输出的数组 b 是一个排好序的结果。

（3）这种传递方式称为"传址"，给人的感觉是既可以从实参传递给形参，当形参改变了以后，这种改变又能传递回实参，所以被认为是"双向"传递。

> ☆直通在线课
>
> "一维数组作为函数参数"这部分内容在在线课中给大家提供了丰富多样的学习资料。

7.5 函数的递归调用

递归函数

7.5.1 函数的递归调用概述

在一个函数执行的过程中，直接或者间接调用了函数本身，称为函数的递归调用。递归调用也是一种函数调用，只不过是函数自己调用自己，是一种特殊的函数调用。

递归函数无论采用的是直接或间接调用方式都是"自己调用自己"的函数，为了防止递归无休止地进行下去，必须存在可使递归调用终止的条件，满足条件后就不再做递归调用，然后逐层返回。所以一个问题的递归描述应该包括两部分，一部分是递归项，一部分是终止项。递归项是将待解决的问题分解为与原问题性质相同，但规模较小的问题；终止项描述的是问题规模最小时，也就是递归终止时问题的求解。这样，在递归的过程中，每调用一次自己，问题的规模就会变小一些，不断调用自己，问题规模就越来越小，最后小到终止项的最小规模时，递归终止。

例如求 n 的阶乘这个问题。如果用非递归的方式来定义是：$n! = n\times(n-1)\times(n-2)\times\cdots\cdots\times1$。递归定义如下：

$$n! = \begin{cases} 1 & (n=0) \quad \text{（终止项）} \\ n \times (n-1)! & (n>0) \quad \text{（递归项）} \end{cases}$$

说明：

（1）当 $n>0$ 时，将求 n 的阶乘这个问题分解为了性质相同，但规模较小的问题，从求 n 的阶乘变成了求（$n-1$）!，这是它的递归项。

（2）当 $n=0$ 时，递归终止，问题的解为 1，这是它的终止项。

写成 C 语言的递归函数代码如下：

```
double fac(int n)
{
        if(n == 0) return 1; /*终止项*/
        else return fac(n-1)*n; /*递归项*/
}
```

以求 4 的阶乘为例，这个递归函数调用和返回的过程如图 7-5 所示。

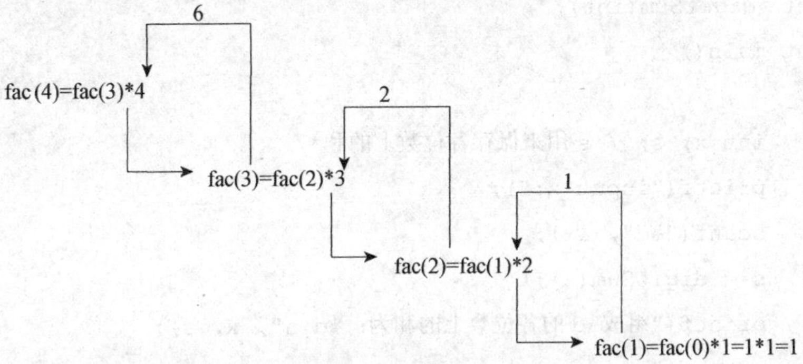

图 7-5 递归函数的执行过程

7.5.2 学以致用

例题 7-11：编写一个递归函数求 xk，并在 main()中调用它。

编程思想：首先将该问题使用递归的方式进行描述，即将其分解为终止项和递归项。终止项：当 k=1 时，xk=x；递归项：当 k>1 时，xk= (xk−1) *x。

程序如下：

```
#include <stdio.h>
int square(int, int);
int main()
{
    int s;
    s = square(5, 3);
    printf("5的3次方为: %d\n", s);
    return 0;
}
```

```
int square(int x,int k) {
   if(k == 1)  return x; /*终止项*/
   else  return square(x, k-1) * x; /*递归项*/
}
```

例题 7-12：编写一个递归函数完成以下功能：给出一个正整数，返回组成它的数字之和。假如这个正整数为 1287，则应该返回 1+2+8+7=18，并在 main()中调用它。

编程思想：首先将该问题使用递归的方式进行描述，即将其分解为终止项和递归项。终止项：当这个数只有一位时，结果就是这个数本身；递归项：当这个数为两位以上时，结果为个位数值加上去掉个位后的这个数的各位和。假设这个数用 x 表示，个位为 x%10，去掉个位后的 x 变为 x/10。

程序如下：

```
#include<stdio.h>
int  digitSum(int);
int main()
{
     int x, s; /*s 用来保存各位数上的和*/
     printf("input x:");
     scanf("%d", &x);
     s = digitSum(x);
     printf("组成%d 的各位数上的和为：%d\n", x, s);
     return 0;
}
int  digitSum(int n)
{
     if(n/10 == 0)  return n; /*终止项：当 n 为一位数时*/
     else  return digitSum(n/10)+n%10;  /*递归项：当 n 为两位数以上时*/
}
```

例题 7-13：编写一个递归函数求第 n 个斐波那契数，并在 main()中调用它。

编程思想：首先将该问题使用递归的方式进行描述，即将其分解为终止项和递归项，仿照前面的例题，读者自行分析，程序如下：

```
#include <stdio.h>
int fibonacci(int);
int main()
{
     int n;
     printf("input n:");
     scanf("%d", &n);
```

```
    printf("%d\n", fibonacci(n));
    return 0;
}
int fibonacci(int n)
{
    if(n <= 2) /*终止项*/
    {
      return 1;
    }
    else
    {
       return fibonacci(n - 1) + fibonacci(n - 2);/*递归项*/
    }
}
```

☆直通在线课

“递归函数”这部分内容在在线课中给大家提供了丰富多样的学习资料。

7.6　带参数的宏定义

宏定义是C语言提供的三种编译预处理功能之一，是比较常用的预处理命令。宏定义是指在写源程序时可以使用“标识符”来表示“字符串”中的内容。标识符称为宏名，在预处理过程中，预处理器会把源程序中所有宏名替换成宏定义中字符串的内容，称为宏替换或宏展开。使用宏可提高程序的通用性和可读性，减少不一致性，减少输入错误和便于修改。

7.6.1　带参数的宏定义概述

常见的宏定义有两种，不带参数的宏定义和带参数的宏定义。其中，带参数的宏定义与函数有些许相似，所以在讨论完函数后来学习带参数的宏定义的使用。

C语言中允许宏带有参数。带参数的宏展开时，除了一般的字符串替换，还要做参数代换。定义带参数的宏的一般格式如下：

```
#define 宏名(参数列表) 字符串
```

带参数的宏调用的一般格式如下：

```
宏名(实参列表);
```

宏展开的过程为，先用字符串去替换宏名，然后再用实参去替换形参。例如，有如下的带参宏定义：

```
#define  S(a,b) a*b  /* S是宏名，a,b是宏的参数。*/
```

如果在程序中有如下语句：

```
area = S(2,6);
```

则在宏展开时，预处理程序用 a*b 去替换程序中的 S(2,6)，得到：area = a*b;，然后用 2 和 6 分别去替换 a 和 b，展开后的结果为：

```
area = 2*6;
```

在使用带参数的宏时，如果实参是表达式，容易出问题，需要注意。例如有如下的宏定义：

```
#define S(r) r*r
```

使用宏的语句为：

```
area=S(a+b);
```

宏展开的过程为：第一步替换为"area=r*r;"，第二步用 a+b 替换 r，结果为"area=a+b*a+b;"，显然这个结果并不是我们想要的。所以正确的宏定义如下。

```
#define S(r) ((r)*(r))
```

通过这个例子可以体会到，在宏定义中应使用必要的括号将参数括起来，这样可以避免出现错误。

带参数的宏与函数有些相似，但是它们是有区别的，见表 7-1。

表 7-1　带参数的宏与函数的区别

	带参数的宏	函　数
处理时间	编译时	程序运行时
参数类型	无类型问题	需定义实参、形参类型
处理过程	不分配内存，简单的字符置换	分配内存，先求实参值，再传递给形参
运行速度	不占用运行时间	调用和返回占用时间

7.6.2　学以致用

例题 7-14：利用带参数的宏求一个数的平方。

```
#include <stdio.h>
#define POWER(x)  (x)*(x)  /*注意要将参数 x 括起来*/
int main()
{
    int a = 8;
    double b = 3.5;
    printf("%d 的平方：%d\n", a, POWER(a));/*可以求整数的平方*/
    printf("%.1f 的平方：%f\n", b, POWER(b));/*可以求实数的平方*/
    printf("%.1f 的平方：%f\n",  a+b,  POWER(a+b));/*宏定义中如果不把参数
```

```
括起来，这里会出错*/
        return 0;
    }
```

例题 7-15： 利用带参数的宏求两个数中的较大数。

```
#include <stdio.h>
#define MAX(a,b) ((a)>(b))?(a):(b)
int main()
{
    int x, y, max;
    printf("input two numbers: ");
    scanf("%d %d", &x, &y);
    max = MAX(x, y);/*调用宏求两个数中的较大值*/
    printf("max=%d\n", max);
    return 0;
}
```

7.7 变量的作用域与存储类别

变量的作用域是指一个变量能够在什么范围内被使用，是从空间的角度来描述一个变量是否可用的。变量存储的类别是指变量的存储方式，它决定着变量的生命周期，是从时间的角度来描述一个变量是否存在的。

7.7.1 变量的作用域

局部变量和全局变量

变量的作用域即变量的作用范围，是指在定义了一个变量后，可以在什么范围内使用它。变量的作用域是由它的定义位置决定的，变量的定义有 3 个基本位置：函数内部、函数参数中及所有函数的外部。定义位置不同，变量的作用域也不同。根据作用域的不同，可以将变量分为局部变量和全局变量。

1. 局部变量

局部变量又称为内部变量，是指在函数内部定义的变量，形参变量也属于局部变量。局部变量的作用域是从定义它的位置开始，到函数体结束为止。在函数体的外部无法使用它。

除了在函数体内定义的局部变量外，在复合语句中也可以定义局部变量。在复合语句中定义的局部变量也只能在复合语句中使用。

例如：

```
int main()
{
        int x, y; /*变量x,y只能在main()中使用*/
```

```
        …
        …
        return 0;
}
void func(int a)  /*变量 a 只能在 func()中使用*/
{
        …
        …
        int x;  /*变量 x 只能从定义位置开始到 func()结束之间使用*/
        …
        {       /*复合语句*/
          int k;/*复合语句中的局部变量 k 只能在复合语句中使用*/
          …
          …
        }
        …
        return;
}
```

说明：

（1）在 main()中定义的变量也只能在 main()中使用，并且在 main()中也不能访问其他函数中定义的局部变量。

（2）不同函数中定义的局部变量可以重名，例如在 main()中定义了变量 x，在 func()中也定义了变量 x，这样做是被允许的。因为它们会占用不同的存储空间，互不干扰，不会混淆。

（3）形参属于局部变量，也只能在本函数中使用。

2. 全局变量

全局变量又称为外部变量，是指在函数外部定义的变量。全局变量的作用域是从定义位置开始，到所在源文件结束为止。若想在定义全局变量之前使用它，可以通过对全局变量的声明来扩展它的使用范围，扩展全局变量作用域的一般格式如下：

```
extern 数据类型 全部变量名;
```

函数的声明与此相似，函数的声明使得函数具有了全局的性质。

图 7-6 可以清晰地说明全局变量的作用范围。

说明：

（1）变量 x、y 都是在函数体外面定义的，所以都是全局变量。

（2）本来全局变量的作用范围是从定义位置开始，但是可以通过 extern 扩展它的作用范围。

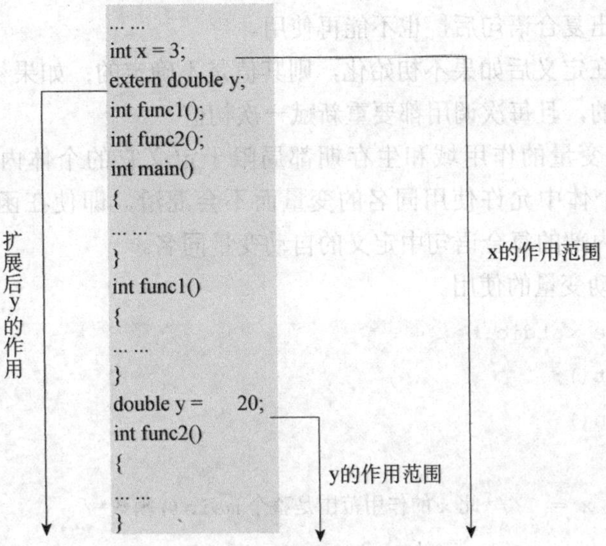

图 7-6　全局变量的作用域

（3）应尽量避免使用全局变量，原因如下：全局变量在程序整个执行过程中占用存储单元，存在严重的空间浪费；降低了函数的通用性、可靠性、可移植性；降低了程序的清晰性，容易出错。

> ☆直通在线课
>
> “局部变量与全局变量”这部分内容在在线课中给大家提供了丰富多样的学习资料。

7.7.2　变量的存储类别

变量的存储类别决定了变量的生命周期。存储类别分为两大类：静态存储和动态存储。变量具体包括 4 种：自动（auto）变量、静态（static）变量、寄存器（register）变量和外部（extern）变量。

静态存储是在程序开始的时候就分配固定的内存空间，整个程序结束后才释放内存空间；而动态存储在程序运行开始时并不分配内存空间，而是在用到时才进行分配，在用完不需要时立刻释放该内存空间。

1. 自动（auto）变量

定义自动（auto）变量的一般格式如下：

```
[auto]  数据类型  变量表;
```

说明：

（1）定义自动变量时 auto 可以省略，所以之前定义的局部变量其实都属于自动变量。

（2）自动变量属于动态存储方式。在函数中定义的自动变量，只在该函数内有效，函数被调用时分配存储空间，调用结束释放空间；在复合语句中定义的自动变量，只在该复合语句中有效，退出复合语句后，也不能再使用。

（3）自动变量在定义后如果不初始化，则其值是不确定的；如果初始化，则赋初值操作是在调用时进行的，且每次调用都要重新赋一次初值。

（4）由于自动变量的作用域和生存期都局限于定义它的个体内（函数或复合语句中），因此不同的个体中允许使用同名的变量而不会混淆。即使在函数内定义的自动变量，也可与该函数内部的复合语句中定义的自动变量同名。

例题 7-16：自动变量的使用。

```
1   #include <stdio.h>
2   void prt();
3   int main()
4   {
5       int x = 1;/*此 x 的作用范围是整个 main()函数*/
6       {
7         int x = 3; /*在复合语句中定义了同名变量，此时在第 5 行定义的 x 会被屏蔽*/
8         prt();
9         printf("2nd x = %d\n", x);
10      }
11      printf("1st x = %d\n", x);
12      return 0;
13  }
14  void prt()
15  {
16      int x = 5; /*此 x 的作用范围是 prt()函数*/
17      printf("3th x = %d\n", x);
18  }
```

2. static（静态）变量

定义 static 变量的一般格式如下：

```
static  数据类型  内部变量表;
```

静态变量

说明：

（1）这里的静态变量是指静态内部变量，外部变量也可以是静态的，但是归在外部变量中。

（2）静态内部变量属于静态存储变量。在程序执行过程中，即使所在函数调用结束也不释放所占内存空间，即在程序执行期间，静态内部变量始终存在，但其他函数不能引用它们。

（3）对于静态内部变量，如果定义了但没有初始化，则系统自动赋以“0”（整型和实型）或“\0”（字符型），且每次调用它们所在的函数时，不再重新赋初值，只是保留上次调用结束时的值。

例题 7-17：静态内部变量的特征。

```
#include <stdio.h>
void increment();
int main()
{
    increment();/*第一次调用*/
    increment();/*第二次调用*/
    increment();/*第三次调用*/
     return 0;
}
 void increment()
{
    static int x=0;/*static变量的初始化操作只会被执行一次*/
    x++;
    printf("%d\n", x);
}
```

程序运行结果如图 7-7 所示。

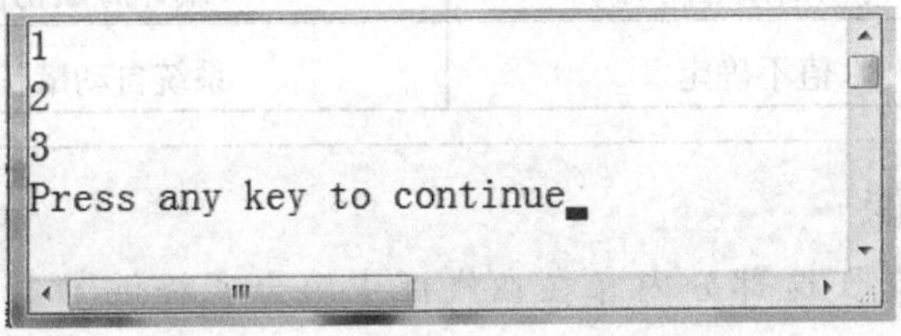
1
2
3
Press any key to continue

图 7-7　例题 7-17 程序运行结果

说明：

（1）increment 函数中的静态变量 x 在被分配内存并初始化后，在整个程序运行期间都会一直存在。

（2）在第一次调用时，x 被赋初值 0，然后 x 的值自增 1 后由 0 变为 1，在第二次调用时，由于 x 这个变量已经存在，所以不会再被初始化，这时是在第一次调用结束时的值 1 的基础上继续加 1，x 的值变为 2，同样的道理第三次调用时它的值变为 3。

3. register（寄存器）变量

一般情况下，变量都是存储在内存中的。为提高执行效率，C 语言允许将局部变量存放到寄存器中，这种变量就称为寄存器变量。定义寄存器变量的一般格式如下：

```
register 数据类型 变量表;
```

说明：

（1）只有局部变量才能定义成寄存器变量。

（2）允许使用的寄存器数目是有限的，不能定义任意多个寄存器变量。

4. 外部变量

外部变量分为两种，静态外部变量和非静态外部变量。

静态外部变量只允许被本源文件中的函数使用，定义静态外部变量的一般格式如下：

```
static  数据类型  外部变量表;
```

非静态外部变量允许被其他源文件中的函数使用，定义时默认 static 关键字的外部变量，即为非静态外部变量。其他源文件中的函数要想使用非静态外部变量，需要在函数所在的源文件中进行声明，声明非静态外部变量的一般格式如下：

```
extern  数据类型  外部变量表;
```

变量存储类型小结见表 7-2。

表 7-2　变量存储类别小结

<table>
<tr><td rowspan="2">存储类别</td><td colspan="3">内部（局部）变量</td><td colspan="2">外部（全局）变量</td></tr>
<tr><td>auto</td><td>register</td><td>内部 static</td><td>外部 static</td><td>外部</td></tr>
<tr><td>存储方式</td><td colspan="2">动态</td><td colspan="3">静态</td></tr>
<tr><td>生存期</td><td colspan="2">函数调用开始到结束</td><td colspan="3">整个程序运行期间</td></tr>
<tr><td>作用域</td><td colspan="3">定义变量的函数或复合语句内</td><td>本源文件</td><td>其他源文件</td></tr>
<tr><td>赋初值</td><td colspan="2">每次函数调用时</td><td colspan="3">编译时赋初值，只赋一次</td></tr>
<tr><td>未赋初值</td><td colspan="2">值不确定</td><td colspan="3">系统自动赋初值 0 或空字符</td></tr>
</table>

☆直通在线课

"静态变量"这部分内容在在线课中给大家提供了丰富多样的学习资料。

7.8　在线课程学习

一、学习收获及存在的问题

本章学习收获：

存在的问题：

二、"课堂讨论"问题与收获

"课堂讨论"问题：

"课堂讨论"收获：

三、"老师答疑"问题与收获

"老师答疑"问题：

"老师答疑"收获：

四、"综合讨论"问题与收获

"综合讨论"问题：

"综合讨论"收获：

五、"测验与作业"收获与存在的问题

"测验与作业"收获：

"测试与作业"存在的问题：

____

____

____

我们学到了什么

本章主要介绍了函数的定义、声明和调用。在使用一个函数时，关键是函数的定义，定义函数是为了调用它。为了使程序结构清晰合理，在调用它之前应该先做函数声明。在使用函数时，要理解函数参数的传递方式，这个是学习的重点和难点，同时要学会从内存的角度去分析参数的传递。数组作函数参数时，是将实参数组的地址传递给形参数组，实现了实参数组与形参数组的双向传递。

在学习了函数的基本内容后，有一些相关的知识需要了解。递归是函数调用自身的一种编程技巧，是一种奇妙的思维方式；带参数的宏定义与函数有些相似，但其实是完全不同的两种机制；在学习了函数后，可以去探究更多关于变量的特点，包括它的作用域和生命周期等。

牛刀小试——练习题

一、填空题

1．函数的类型是指______________的类型。

2．函数定义时的参数称为___________，而调用函数时的参数称为____________。

3．在函数调用中，允许在被调函数中调用另一个已声明的函数，称为_______。

4．函数的递归调用是指______________________。

5．在函数内部定义的变量称为________，它在___________内有效，在函数外部定义的变量称为___________，它在__________内有效。

6．_______通常在变量定义时，就分配存储空间，并且一直占用该存储空间，直至整个程序结束，如果程序在执行过程中退出作用范围，其值保持不变，以等待下一次调用时继续使用。

7．C 语言允许将变量的值存储在 CPU 的寄存器中，这种变量称为_________。

二、选择题

1．以下函数定义形式中正确的是（　　）。

A．double　fun(int x,int y);{}　　B．double　fun(int x;int y){}

C．double　fun(int x,int y){}　　D．double　fun(int x, y);{}

2．以下关于 return 语句的叙述中正确的是（　　）。

A．一个自定义函数中必须有一条 return 语句

B．一个自定义函数中可以根据不同情况设置多条 return 语句

C．定义 void 类型的函数中可以有带返回值的 return 语句

D．没有 return 语句的自定义函数在执行结束时不能返回到调用处

3．在调用函数时，如果实参是基本类型的变量，它与对应形参之间的数据传递方式是（　　）。

A．地址传递　　B．单向值传递

C．由实参传给形参，再由形参传回实参　　D．传递方式由用户指定

4．有以下程序：

```
#include <stdio.h>
void fun(int);
int main()
{
    int a=1;
    fun(a);
    printf("%d\n",a);
    return 0;
  }
  void fun(int p)
  {
    int d=2;
    p=d++;
    printf("%d",p);
  }
```

程序运行后的输出结果是（　　）。

A．32　　B．12

C．21　　D．22

5．在函数调用过程中，如果函数 funA 调用了函数 funB，函数 funB 又调用了函数 funA，则（　　）。

A．称为函数的直接递归调用　　B．称为函数的间接递归调用

C．称为函数的循环调用　　D．C 语言中不允许这样的递归调用

6．若已定义的函数有返回值，则以下关于该函数调用的叙述中错误的是（　　）。

A．函数调用可以作为独立的语句存在　　B．函数调用可以作为一个函数的实参

C．函数调用可以出现在表达式中　　D．函数调用可以作为一个函数的形参

7．有以下程序：

```
#include <stdio.h>
void fun(int a,int b,int c)
{
```

```
  a=456; b=567; c=678;
}
int main()
{
  int x=10,y=20,z=30;
  fun(x,y,z);
  Printf("%d,/%d,%d\n",x,y,z);
  return 0;
}
```

输出结果是（　　）。

A．30,20,10　　B．10,20,30

C．456,567,678　　D．678,567,456

三、程序分析题

1．有以下程序，分析其输出结果。

```
#include <stdio.h>
void fun(int);
int main()
{
  fun(6);
  printf("\n");
  return 0;
}
void fun(int x)
{
  if(x/2>0) fun(x/2);
  printf("%d ",x);
}
```

程序运行后的输出结果是________。

2．有以下程序，分析其输出结果。

```
#include<stdio.h>
int a=5;
void fun(int b)
{
  int a=10;
  a+=b;
  printf("%d",a);
```

```
}
int main()
{
  int c=20;
  fun(c);
  a+=c;
  printf("%d\n",a);
  return 0;
}
```

程序运行后的输出结果是_______。

3. 有以下程序，分析其输出结果。

```
#include <stdio.h>
int fun();
int main()
{
  int i, s = 1;
  for(i = 1;i <= 3;i++) s *= fun();
  printf("%d\n", s);
  return 0;
}
int fun()
{
  static int x=1;
  x*=2;
  return x;
}
```

程序运行后的输出结果是_______。

4. 有以下程序，分析其输出结果。

```
#include <stdio.h>
void fun(int x)
{
  static int y;
  x++;
  printf("%d+%d=%d\n",x,y++,x+y);
}
int main()
{
```

```
    int i;
    for(i=1;i<=3;i++)
      fun(i);
      return 0;
}
```

程序运行后的输出结果是________。

四、编写程序

1．定义一个函数，求 x 的 y 次方。在主函数中调用它，验证结果是否正确。

2．编写一个函数，将一个数组中的最大值与第一个元素交换，最小值与最后一个元素交换，并在 main 中调用它。

3．编写一个函数，求 n 以内的所有素数的和，并在 main 中调用它。

第 8 章　神奇的星号——指针

引　入

C 语言中有一个很神奇的运算符——“ * ”，之所以说它神奇，是因为它除了作为乘法运算符以外，还有一个更加重要的身份——指针符。

“指针”被称为C语言的精髓，很多初学者在学习C语言时，将其认为是当之无愧的“难点”。实际上，在通用计算机的发展过程中，C 语言一直扮演着举足轻重的角色，尤其是对于硬件开发，由于可以通过“指针”方便、灵活地访问内存，开发者才得以从繁冗、晦涩的汇编语言中解放出来，这也正是“指针”能成为C语言“精髓”的重要原因。这里，我们不去讨论“指针”在各种领域的开发工作中立下的丰功伟绩，而是尽量通俗地为大家解释到底什么是C语言的“指针”，以及怎么使用。

本章主要知识点

◎ 什么是指针。
◎ 指针变量的定义和使用。
◎ 指针运算。
◎ 使用指针操纵数组。
◎ 指针在函数中的使用。

本章难点

◎ 指针运算。
◎ 使用指针操纵数组。

8.1　指针和指针变量

8.1.1　变量与地址

学习指针，首先需要弄明白什么是“地址”，什么是“寻址”。在C语言程序运行过程中，除了寄存器变量以外，各种类型的数据或变量都要放置到内存中才可以运行，而且不同类型的数据占用的字节数是特定的，比如 char 类型的数据需要占 1 个字节，short int 类型的数据需要占用 2 个字节。为了方便访问这些数据，系统为每一个字节进行了编号，这样就可以通过这些编号直接找到特定的数据，这些编号就是所谓的“地址”，根据编号查找数据的过程就是“寻址”。其实这个和现实生活中的很多行为是一致的，比如我们去访友，只要知道朋友家的地址，我们就可以按照这个地址很方便地找到朋友。“地址”，也称为“指针”，地址从 0 开始依次增加。例如一台设备内存为 4GB 的计算机，它的内存地址最小为 0X00000000，最大为 0XFFFFFFFF。

C 语言中可不仅变量需要保存于内存之中，即便是函数也同样需要放入内存，因为 CPU 正是通过地址来实现相应变量的读写和函数的访问的。其实，我们熟悉的变量名和函数名只是地址的“助记符”而已，一旦源代码被成功编译连接为可执行文件的时候，它们都将被替换为所对应数据或代码段的首地址。

为了方便获取某个变量所占据的内存单元的首地址（就是第一个字节的地址）和字节数，C 语言提供了两个运算符，它们分别是“&”和“sizeof()”。符号“&”叫作取地址符，它能够获取符号右侧的变量在内存中的首地址，在使用格式化输入函数“scanf()”的时候经常被用到；而“sizeof() ”看起来很像一个函数，但它其实是一个保留字，通常被认为是一个运算符，它的作用是得到指定变量或数据类型在内存中需要占用的存储单元的个数，也就是占用的字节数。

例题 8-1：定义整型变量 a，打印变量的地址和占用内存字节数。

程序如下：

```
#include <stdio.h>

int main()
{
    int a = 3;
    printf("变量 a 的地址是：%p\n", &a);
    printf("变量 a 占用的内存字节数是：%lu\n", sizeof(a));

    return 0;
}
```

程序运行结果如图 8-1 所示。

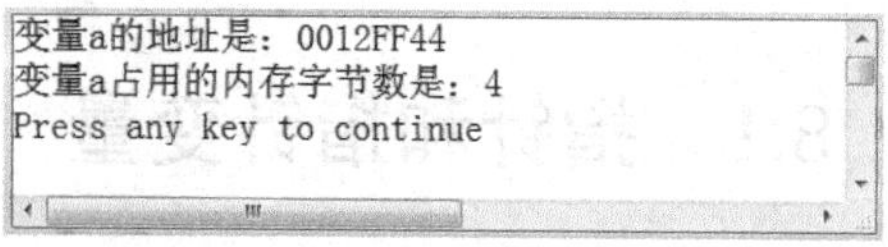
变量a的地址是：0012FF44
变量a占用的内存字节数是：4
Press any key to continue

图 8-1　例题 8-1 程序运行结果

从程序的运行结果可以看到，变量 a 一共占据了 4 个字节的内存单元，这 4 个字节单元的地址依次是 0x0012FF44、0x0012FF45、0x0012FF46、0x0012FF47。4 个字节中第一个字节的地址 0x0012FF44 就是变量 a 的地址，或者说它是 a 的指针。

8.1.2　指针变量的概念、定义与引用

指针的概念、定义与引用

在程序编写过程中经常要针对某个变量的指针进行操作，总不能每次都使用“&”去临时取地址，这样不但书写烦琐而且效率也低。解决的办法就是将获取到的地址保存起来，以后就可以随时取用了，这就用到了指针变量。

所谓指针变量，其实就是专门用于保存地址的变量，是C语言中专门设置的一种变量类型。指针变量和其他类型的变量一样，也需要遵循先声明后使用的原则。假如有某种类型的变量a，它的地址被保存到指针变量pa中，此时我们称“指针变量pa指向了a”，程序员可以通过pa实现对变量a的间接访问。

定义指针变量的一般格式如下：

```
数据类型*  指针变量名;
```

这里的“*”叫作“指针符”，是C语言中专门用于定义指针变量的标识符，表示本条语句中声明的变量不是普通类型的变量，而是一个指针变量，是专门用于存放某种数据的指针的变量。

格式中的“数据类型”叫作“基类型”，它的作用是声明本条语句中的指针变量所指向的数据的类型，换句话说，就是用来声明当前指针变量到底保存了一个什么类型的数据的地址。

如果需要通过指针访问它所指向的变量，一般引用格式如下：

```
*指针变量名;
```

系统在使用指针访问数据的过程中，首先可以从指针变量中获取被访问数据的首地址，又可以根据“基类型”得知被访问数据的数据类型，从而得知该数据占据的字节数，并精确地获取该数据所占据的全部字节以成功读取该数据，这种方式被称为“间接访问”。

请注意，指针符“*”有两种作用，如果是用在指针变量的声明语句中，它表示数据的类型为指针类型；反之，它的作用是“间接访问”，具体使用情况请参考例8-2。

指针的应用

例题8-2：演示常用数据类型变量的基本指针操作。

程序如下：

```
#include <stdio.h>

int main()
{
    int a = 3;
    int *pa;   /*声明一个指针变量*/
    pa = &a;  /*初始化指针变量*/
    /*使用指针变量间接访问a  */
        printf("通过指针变量pa间接访问a:  a=%d \n", *pa);

```

```
11      char c = 'M';
12      char *pc = &c;
13      printf("通过指针变量pc间接访问c:  c=%c \n", *pc);
14
15      float f = 1.5;
16      float *pf = &f;
17      *pf = *pf + 1;
18      printf("通过指针变量pf间接访问f: f=%f \n", *pf);
19
20      return 0;
21  }
```

运行结果如图 8-2 所示。

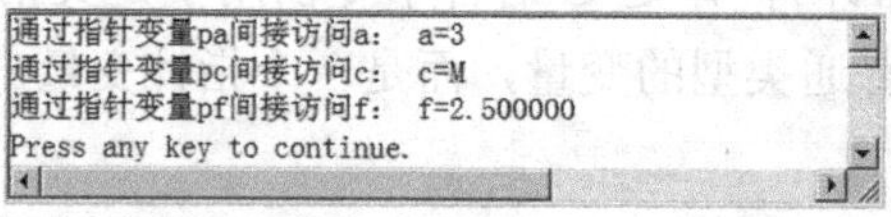

图 8-2　例题 8-2 程序运行结果

第 6 行代码中声明了一个指针变量 pa，这里的"*"是用来声明指针类型变量的。

第 7 行中将整型变量 a 的地址（&a）存储到 pa 中，这样 pa 就指向了 a。

第 9 行中的"*pa"实际上是通过指针变量 pa 去间接访问 a 的，这里的"*"表示的是间接访问，表达式"*pa"和"a"等价。变量 a、指针变量 pa 及它们之间的关系如图 8-3 所示。

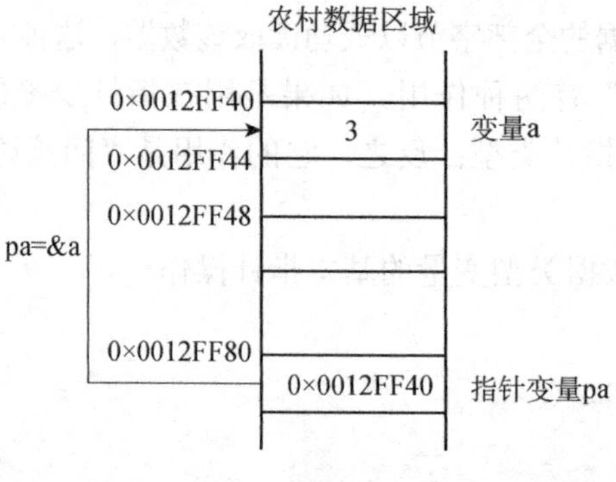

图 8-3　例题 8-2 数据存储示意图

图 8-3 中，变量 a 被分配到内存地址 0x0012FF40 开始的 4 个字节中，保存了一个整型数值 3。指针变量 pa 被分配到地址 0x0012FF80 开始的 4 个字节中。第 7 行中使用了表达式"&a"，符号"&"能够获取符号右侧的变量在内存中的首地址，所以&a 的结果就是 a 的地址 0x0012FF40，pa=&a 其实就是 pa=0x0012FF40，这样，pa 就指向了 a。我们既可以使用表达式"a"来直接获取整型数据"3"，也可以通过 pa 获取 a 的地址，然后再找到 a 并去取整型数据"3"，后者就是所谓的间接访问，表达式为"*pa"。

在第 12 行代码中，声明指针变量的同时也完成了初始化的工作，将它指向了一个字符型变量 c。相对于前边 pa 的声明和初始化，这样的书写方式只需要一行代码，比较紧凑。

第 16 行代码中，声明了浮点类型指针变量 pf，并且将其指向了浮点类型变量 f。

第 17 行代码中，使用*pf 间接访问变量 f，因此本条语句实际上等价于 f = f + 1。

请注意，在实际的开发工作中，如果一个指针变量被声明，并且没有马上被使用，我们一般会将它初始化为“null”，表示这是一个“空指针”。“null”其实是 ASCII 码中的第一个字符，它对应的整数值是“0”。这样做的含义是表明这个指针变量并没有被指向任何有意义的数据。这样做还有一个好处，就是程序员们可以用这种方式来判断指针是否被使用或者已经被停止使用。

☆直通在线课

关于“指针的概念、定义与引用”这部分内容在在线课中给大家提供了丰富多样的学习资料。

8.2 指针与数组

C 语言的数组的实质是一系列内存连续存储的同类型数据，所有的数据都占用内存单元，自然也都有各自的指针。由此可见，指针和数组存在着天然的联系，事实上，指针操作也的确被大量地使用在数组的相关操作之中。

8.2.1 指向数组的指针

用指针访问一维数组

用指针访问二维数组

在使用指针操纵数组的时候，有几个概念是需要特别注意的，比如数组的首地址、数组首元素的地址、数组名。这几个名词听起来很容易让人混淆，但其实并不难理解。所谓数组的地址就是整个数组占据的所有内存单元中第一个字节的内存地址，而它其实也是数组首个元素的地址，两者的值是相等的；数组名就是数组的名字，它的本质是一个指针常量，是不可以改变的，而且这个常量就是数组的首地址。数组的首地址、数组首元素的地址和数组名说法不同，含义也有区别，但是值其实是相同的。

例题 8-3：编写程序，尝试使用指针访问数组。

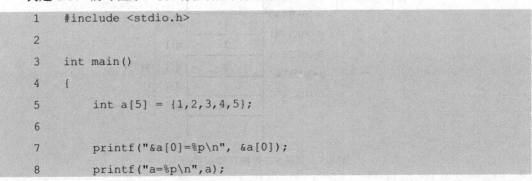

```
#include <stdio.h>

int main()
{
    int a[5] = {1,2,3,4,5};

    printf("&a[0]=%p\n", &a[0]);
    printf("a=%p\n",a);
```

```
9
10      /* 创建指针变量 p1，将首元素的地址赋值给 p1 使其指向数组元素 a[0]*/
11      int *p1 = &a[0];
12      printf("*p1=%d\n", *p1);
13
14      /* 创建指针变量 p2，将数组首地址赋值给 p2 使其指向数组元素 a[0] */
15      int *p2 = a;
16      printf("*p2=%d\n", *p2);
17
18      return 0;
19  }
```

程序运行结果如图 8-4 所示。

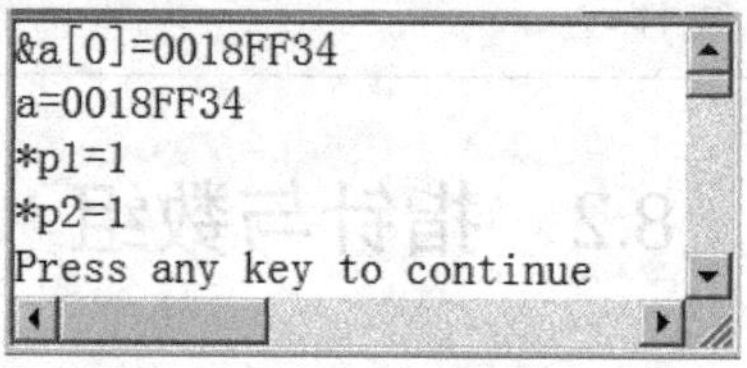

图 8-4　例题 8-3 程序运行结果

例题 8-3 中的第 7 行和第 8 行先后将&a[0]和 a 进行了十六进制形式的屏幕输出，仔细观察程序运行结果，可以发现两者的结果其实完全相等，这个十六进制的整型值其实就是数组 a 在当前系统内存中的首地址。

第 11 行中定义了一个指针变量 p1，赋值为&a[0]，那么 p1 就指向了数组的首元素 a[0]，因此第 12 行中的输出结果当然应该是 a[0]的值"1"。

同样的道理，第 15 行中，将 a 赋值给指针变量 p2，a 是数组名，它是一个指针常量，而且这个值等于&a[0]，所以，这里 p2 其实也指向了数组 a 的首元素 a[0]，那么第 16 行的输出结果当然也应该是"1"。

数组 a 和 p1、p2 在内存中的示意图如图 8-5 所示。

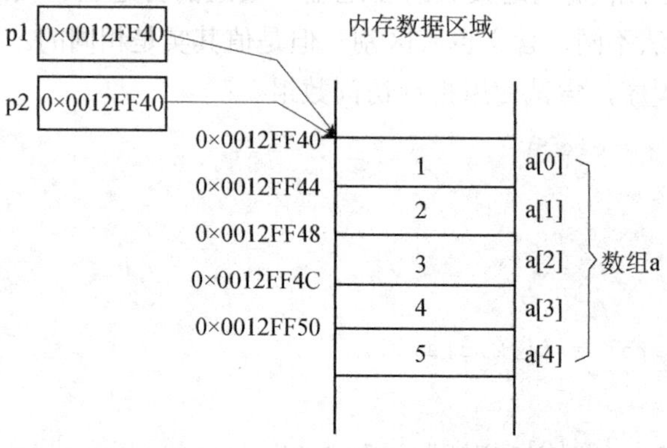

图 8-5　例题 8-3 数据存储示意图

通过例题 8-3 我们不难发现，利用指针操纵数组其实和指针操作普通变量并没有本质的区别，只不过数组中往往放置了不止一个元素，每个元素都有各自的地址，而且这些地址又是物理相邻的。由于数组具有“相邻元素的内存地址也相邻”这个特征，使得它更适合使用指针来进行访问。

> **☆直通在线课**
>
> “指向数组的指针”这部分内容在在线课中给大家提供了丰富多样的学习资料。

8.2.2 指针的运算

指针的运算

使用指针访问数组元素的时候，往往会使用到指针的运算。实际上指针可以完全作为算术表达式、赋值表达式和比较表达式中的合法操作数，不过由于指针特殊的性质，并不是所有的运算符都可以与指针变量结合使用的。

例题 8-4：编写程序，演示常用指针运算操作。

程序如下：

```
#include <stdio.h>

int main()
{
     /*定义了一个长度为 5 的整型数组*/
     int a[5] = {1,2,3,4,5};

     /*将指针 p1 指向数组的第一个元素*/
    int *p1 = &a[0];
    printf("p1 = %p \n", p1);
    printf("*p1 = %d \n", *p1);

    /*指针做加法运算： p1+1 */
    printf("p1+1 = %p \n", p1+1);
    /*访问新的地址(p1+1)所指向的数据*/
    printf("*(p1+1) = %d\n", *(p1+1));

    /*创建指针变量 p2，并且将其指向最后一个数组元素 a[4]*/
    int *p2 = &a[4];
    printf("p2 = %p \n", p2);
    printf("*p2 = %d \n", *p2);

```

```
23      /*指针做减法运算: p2-1 */
24      printf("p2-1 = %p \n", p2-1);
25      /*访问新的地址 (p2-1)所指向的数据*/
26      printf("*(p2-1) = %d \n", *(p2-1));
27
28      return 0;
29  }
```

程序运行结果如图 8-6 所示。

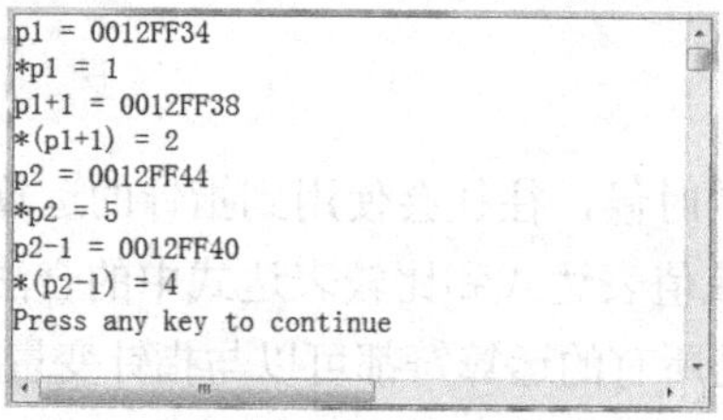

图 8-6　例题 8-4 程序运行结果

仔细阅读程序，可以看到程序中首先定义了一个整型数组，一共有 5 个元素，各元素初始值分别为 1、2、3、4、5。

第 9 行代码中定义了一个指针变量 p1，并且将其指向数组的第一个元素，所以我们看到第 10 行和第 11 行代码的输出结果是数组的第一个元素 a[0]的地址 0012FF34 和数值 1。请注意，第 10 行中，为了将指针变量的值使用 printf 函数进行屏幕输出，使用了类型说明符"%p"。

第 14 行代码中对指针变量 p1 做了加 1 的数学运算，然后我们注意到输出的结果并不是 0012FF35，而是 0012FF38，比原本偏移了 4 个字节。为什么会这样呢？其实指针在做数学运算的时候，它的加减操作并不是以单个字节为单位，而是以它指向的数据类型所占据的字节数为单位的。这里 p1 指向的是整型数值，如果当前系统中整型数据需要占用 4 个字节的存储单元，那么 p1+1 的实际结果就是地址加 4。

因为 p1+1 的地址为 0012FF38，这正是数组 a 中第二个元素 a[1]的地址，也就是说此时(p1+1)指向了元素 a[1]，所以第 15 行中*(p1+1)的输出结果是 a[1]的值 2。

第 19～26 行的代码主要是向大家展示了指针的减法运算。新定义了指针变量 p2，将它指向了数组 a 中的最后一个元素 a[4]，它的地址是 0012FF44，p2-1 的结果是 0012FF40，减少了 4 个字节，所以它指向了数组中倒数第二个元素 a[3]，所以*(p2-1)的输出结果就是 a[3]的值 4。下面我们用一个示意图来展示一下刚刚程序中指针的加减运算，如图 8-7 所示。

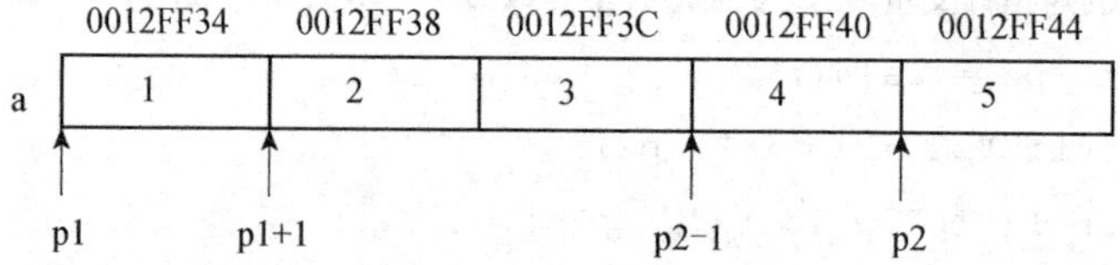

图 8-7　指针的加减法

下面再来看一个例子。

例题 8-5：编写程序，演示指针自加和自减操作。

程序如下：

```
1    #include <stdio.h>
2
3    int main()
4    {
5        int a[5] = {1,2,3,4,5};
6        int *p1 = &a[0];
7        int *p2 = &a[4];
8
9        int i;
10       for(i=0; i<5; i++){
11           printf("%d  %d\n", *(p1++), *(p2--));
12       }
13
14       return 0;
15   }
```

运行结果如图 8-8 所示。

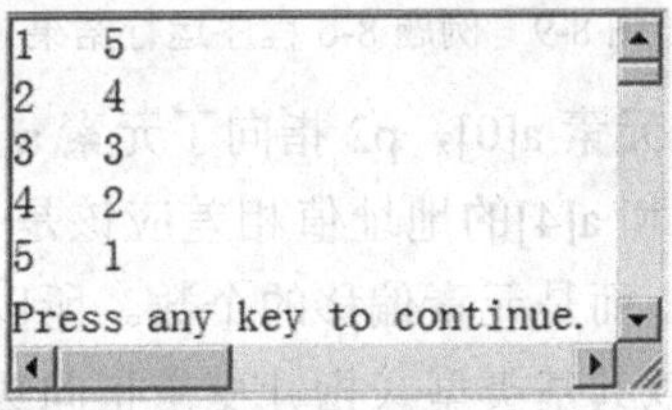

图 8-8　例题 8-5 程序运行结果

仔细阅读上面程序代码，程序中定义了两个指针变量 p1、p2，分别将其指向数组 a 的“头”和“尾”。for 循环执行了 5 次，所以 p1++被执行了 5 次，它的指针值从第一个元素的地址依次被递增为 a[1]、a[2]、a[3]、a[4]的地址，直至越界，所以*(p1++)的值依次是 1、2、3、4、5。反过来，p2 一直执行的是自减操作，它由后向前依次指向数组中的每一个元素，所以*(p2--)的值依次是 5、4、3、2、1。

需要说明的是，这里的表达式*(p1++)也可以写成*p1++，它们是完全等价的，原因是“++”和“--”运算符的优先级要高于“*”。当然如果使用了“()”以后，代码的可读性更强。此外，第 11 行代码中，虽然使用了“++”和“--”对 p1 和 p2 的值进行修改，但是因为自加和自减符号都在操作数的后面，所以都是先使用 p1 和 p2 的值以后才会执行自加或自减操作。

除了上面演示的几种操作符以外，指针还可以和运算符“+=”“-=”形成表达式进行运算，这里就不再一一演示了。

有时候，我们会将两个指针变量做减法，请看例题 8-6。

例题 8-6：编写程序，演示两个指针变量做减法。

程序如下：

```
#include <stdio.h>

int main()
{
    int a[5] = {1,2,3,4,5};
    int *p1 = &a[0];
    int *p2 = &a[4];

    printf("p2 - p1 = %lu \n", p2-p1);

    return 0;
}
```

程序运行结果如图 8-9 所示。

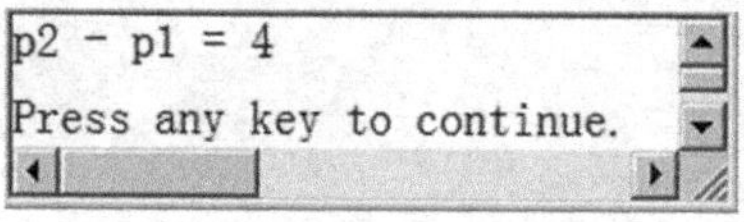
p2 - p1 = 4
Press any key to continue.

图 8-9　例题 8-6 程序运行结果

程序中将指针变量 p1 指向元素 a[0]，p2 指向了元素 a[4]。我们知道 32 位系统中一个 int 数据占 4 个字节，所以 a[0]和 a[4]的地址值相差应该是 16 个字节。但是表达式 p2−p1 的结果并不是两者地址的差值，而是元素偏移的个数。所以，我们知道了两个指针变量做减法的时候，它们的结果也是以其基类型（指针变量指向数据的类型）占用的内存字节个数为单位进行计算的。

请注意，一般不会书写 p1 + p2 这样的表达式，原因很简单，两个指针相加的结果很可能指向了一块不可预知的内存区域，导致完全错误的访问，或者干脆触发操作系统的权限限制而被强制关闭。

指针变量也可以作为关系运算符的操作数进行指针比较。比如，可以用运算符“==”来判断指针变量是否为 null；再比如，假如参与比较的指针指向的都是同一个数组中的元素，可以通过指针的相等、大于或者小于来确定指针指向元素的先后顺序。

接下来，我们会通过两个例题，展示利用指针运算实现一维数组和二维数组元素遍历。

例题 8-7：现有整型数组 a[5] = {1,2,3,4,5}，编写程序，使用指针法实现 a 的遍历。

程序如下：

```
#include <stdio.h>

int main()
```

```
4   {
5       int a[5] = {1,2,3,4,5};
6       int *p = a; /* 创建指针变量，指向数组 a */
7
8       int i;
9
10      /* 使用指针变量对数组 a 进行访问 */
11      for(i=0; i<5; i++){
12          printf("%d ", *p++ );
13      }
14
15      printf("\n");
16
17      /* 数组名也可以当作指针来操作 */
18      for(i=0; i<5; i++){
19          printf("%d ", *(a+i) );
20      }
21
22      return 0;
23  }
```

这段代码中对分别使用两种不同的方式对数组 a 的 5 个元素进行了访问。运行结果如图 8-10 所示。

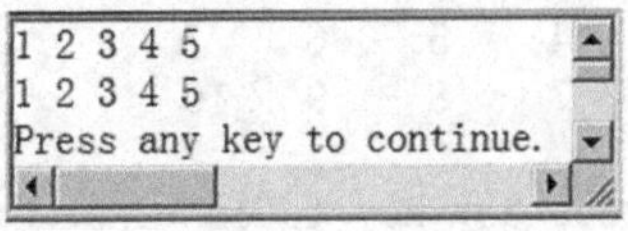
1 2 3 4 5
1 2 3 4 5
Press any key to continue.

图 8-10 例题 8-7 程序运行结果

第 6 行代码创建了指针变量 p，并且将 a 赋值给了 p。这条语句和 p=&a[0]是等价的。

第 12 行中，我们通过改变指针变量的值实现了数组元素的访问。整个循环过程中，p 的值是不断变化的。

第 19 行中，使用数组名这个指针常量来对数组进行遍历。所不同的是，a 是一个常量，不是变量，它的值是不可以改变的，类似 a++这样的语句是错误的。

指针也可以很方便地操作多维数组。

例题 8-8： 编写程序，使用指针实现二维整型数组的遍历。

程序如下：

```
#include <stdio.h>

int main()
```

```
4   {
5       int a[3][4] = {
6           {1,2,3,4},
7           {5,6,7,8},
8           {9,10,11,12}
9           };
10
11      int *p = &a[0][0];
12
13      int i,j;
14      for(i=0; i<3; i++){
15          for(j=0; j<4; j++){
16              printf("%5d", *(p+i*3+j));
17          }
18          printf("\n");
19      }
20
21      return 0;
22  }
```

上面程序中使用指针对一个二维数组进行了遍历，运行结果如图 8-11 所示。

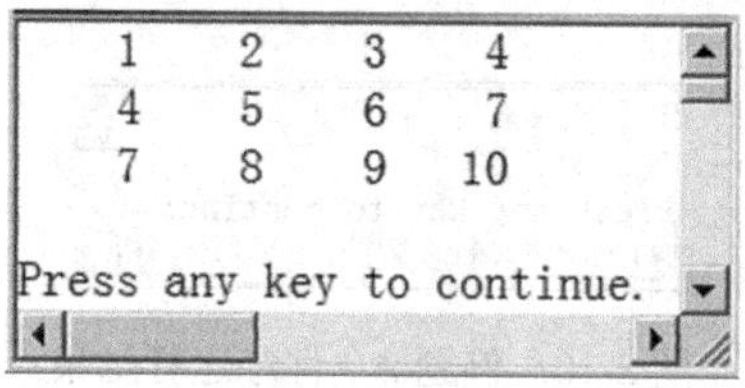

1 2 3 4
4 5 6 7
7 8 9 10
Press any key to continue.

图 8-11　例题 8-8 程序运行结果

第 16 行代码中，使用表达式 p+i*3+j 得到第 i 行第 j 列的元素的地址，并进行了间接访问。之所以可以这样，其实是因为多维数组 a 所有的元素在内存中也是线性存储的，它们是物理相邻的，3 行 4 列只是我们在逻辑上赋予它的概念，并不真实存在。

☆直通在线课

“指针的运算”这部分内容在在线课中给大家提供了丰富多样的学习资料。

8.2.3 关于下标法和指针法的讨论

假如已经声明了一个数组 a，同时还有个指针变量 p 指向了 a，此时我们使用下标法或者指针法都可以实现对数组 a 的访问，这里我们做一个简单的讨论。

下标法的表达式如：a[i]、p[i]。

指针法的表达式如：*(p+i)、*(p++)、*(a+i)。

无论是下标法还是指针法，本质上都是数组的首地址与偏移量的叠加，所以很多时候都可以互换使用。请注意数组名 a 是一个指针常量，在其生命周期内是不可改变的，而指针变量 p 则是可以改变的。

例题 8-9：编写程序演示下标法和指针法对数组元素的遍历。

程序如下：

```
#include <stdio.h>

int main()
{
    int a[5] = {1,2,3,4,5};
    int *p = a;
    int i;

    /* 使用下标法遍历数组 */
    for(i=0; i<5; i++){
        printf("%3d", a[i]);
    }
    for(i=0; i<5; i++){
        printf("%3d", p[i]);
    }

    /* 使用指针法遍历数组 */
    for(i=0; i<5; i++){
        printf("%3d", *(p+i));
    }
    for(i=0; i<5; i++){
        printf("%3d", *(a+i));
    }

    printf("\n");

```

```
27        return 0;
28    }
```

程序运行结果如图 8-12 所示。

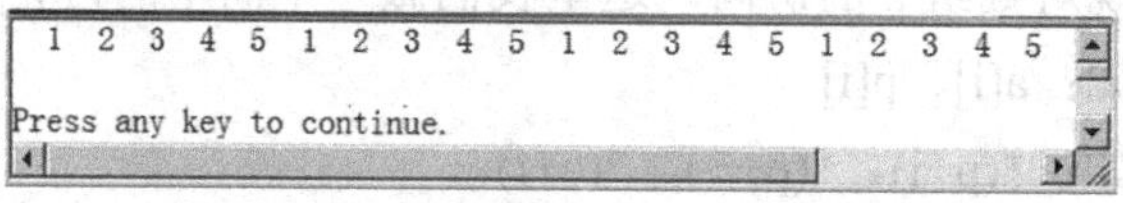
1 2 3 4 5 1 2 3 4 5 1 2 3 4 5 1 2 3 4 5
Press any key to continue.

图 8-12　例题 8-9 程序运行结果

上面程序中，分别使用不同的方式对数组 a 中的 5 个元素进行了 4 次遍历。

第 11 行代码中，a[i]为典型的下标访问方式。

第 14 行中，同样使用了下标法，但该行代码中的表达式 p[i]中的 p 并不是数组名，而是在第 6 行中声明的指针变量，它指向了数组 a 的首地址。明明是指针变量，但是并没有使用指针法，而是把它当作数组名一样使用了下标法，这种方式在 C 语言中是允许的。

第 19 行中，使用指针变量对数组元素进行了访问，表达式*(p+i)是典型的指针法。

第 22 行中，同样使用了指针法对数组元素进行访问，但表达式*(a+i)中并未使用指针变量 p，而是直接使用数组名 a。因为 a 本质上是数组的首地址，那么使用指针法当然没有任何问题。

程序员在书写访问数组的代码时，可以根据情况决定是使用下标法还是指针法，但在程序的编译期间，所有的数组下标法都会被转换为指针表示法，显然直接使用指针表示法的程序效率更高，不过相对于指针表示法，数组下标法有着更强的可读性。

8.2.4　指向字符串的指针

使用字符指针操作字符串

C 语言程序中，字符串一般被存储到字符数组中进行访问，但是也可以使用字符指针来操作，两种方式有很大的区别。

使用数组方式：

```
char s1[ ] = "Hello world!";
```

使用字符指针的方式：

```
char *s2 = "Hello world!";
```

下面对两种方式做一个比较。

首先两者在内存分配和存储上有区别。如图 8-13 所示，“Hello world!”是一个字符串常量，它会被存储于内存中专门设置的文字常量区域，需要占用 13 个字节的内存单元。如果使用数组方式处理，首先需要为数组 s1 在栈内存区域中分配足够的内存空间，然后将处于文字常量区域中的所有数据复制到对应的数组各个元素中；如果使用字符指针方式，则首先在栈内存中分配一个指针变量 s2，然后将处于文字常量区域中的字符串的首地址复制到指针变量 s2 中，也就是让 s2 指向这个常量字符串。

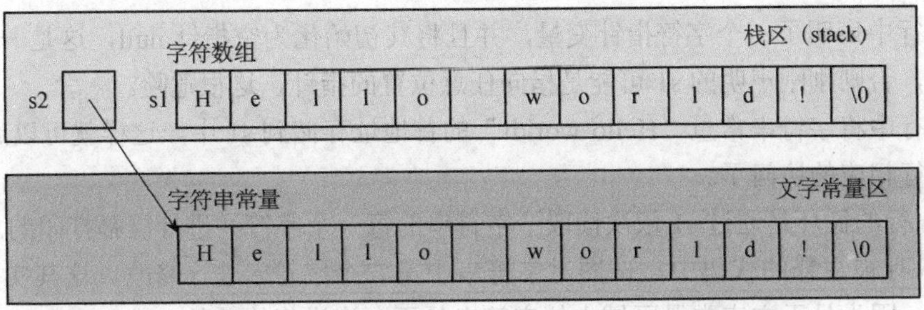

图 8-13 数组方式和字符指针方式在内存分配和存储上的区别

其次，访问上也存在差异。使用数组访问的时候，因为位于栈内存区域，不但能够读取数据，还可以任意修改；使用字符指针方式的话，因为被访问的数据依然存储于文字常量区域中，所以只能读取，不允许修改。

可以看出，两种方式各有利弊，具体的选用还要根据实际情况来决定。

例题 8-10：编写程序，演示使用指针实现字符串的常用操作。

程序如下：

```
#include <stdio.h>
#include <string.h>

int main()
{
    char *s1 = null;        /* 声明字符指针变量，初始化为null */
    s1 = "Hello world!"; /* 将s1指向字符串常量 */

    int i;
    /* 依次输出所有字符 */
    for(i=0; i<strlen(s1); i++){
        printf("%c", *(s1+i));     /* 通过指针读取字符 */
    }
    printf("\n");

    // *(s1+1) = 'x';     /*错误操作，不能修改*/

    printf("%s\n", s1);  /*通过指针将字符串输出*/

    char *s2 = "I love China!"; /* 声明同时并初始化 */
    printf("%s\n", s2);

    return 0;
}
```

第 6 行中声明了一个字符指针变量，并且将其初始化为空指针 null，这是一个很好的编程习惯，否则刚刚声明的 s1 可能是指向任意位置的指针，这很危险。

第 7 行中将字符串常量“Hello world!”的首地址存储到 s1 中，这样就可以通过 s1 对字符串进行相应的访问了。

第 11 行的循环是通过 s1 依次读取了字符串的每一个字符并进行屏幕打印的。

第 16 行被注释的代码中，试图对字符串中第二个字符'e'进行修改，这其实是一个错误的操作，因为处于文字常量区域中的字符串是不允许进行修改的。

第 20 行中定义了一个新的字符串，同时将首地址保存在字符指针变量 s2 中，声明和初始化操作在一条语句中完成。

运行结果如图 8-14 所示。

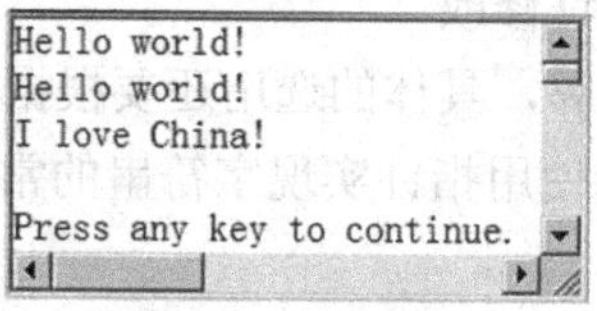
Hello world!
Hello world!
I love China!
Press any key to continue.

图 8-14　例题 8-10 程序运行结果

> **☆直通在线课**
>
> “使用指针操作字符串”这部分内容在在线课中给大家提供了丰富多样的学习资料。

8.3　指针与函数

指针作函数参数

8.3.1　指针变量作函数参数

函数的参数不仅可以是整型、实型等这些基本数据类型，也可以是指针类型。用指针变量作函数参数可以将函数外部的地址传递到函数内部，使得在函数内部可以操作函数外部的数据，并且这些数据不会随着函数的结束而被销毁。

当指针变量作函数形参时，要求实参是变量的地址，参数间数据传递方式仍然为“传值”的方式，只不过这个值是实参的地址值。这样，实参变量与形参变量在内存中占用相同的内存空间，可以实现数据的“双向”传递。

有时候，对于整型、实型等基本类型数据的操作必须借助指针，一个典型的例子就是交换两个变量的值。

例题 8-11：定义一个函数，用来交换两个整型变量的值，并在 main()中调用它。

编程思路：题目要求交换从 main 中传递过来的两个变量的值，如果用基本类型数据作形参，则参数之间只能是单向传递，即只能从实参传递给形参，当在被调函数中交换了两个变量的值后，这种改变并不能传递回实参。所以要想解决这个问题，必须用指针变量作函数的形参。

程序如下：

```
#include <stdio.h>
void swap(int*, int*);
int main()
{
    int x = 10, y = 20;
    printf("交换前：x=%d\t y=%d\n", x, y);
    swap(&x, &y);/*调用 swap 函数，由于形参是指针类型，实参必须是地址*/
    printf("交换后：x=%d\t y=%d\n", x, y);
    return 0;
}
void swap(int *p1, int *p2)/*形参是指针类型*/
{
    int a;
        /*将形参指针指向的变量的值进行交换*/
    a = *p1;
    *p1 = *p2;
    *p2 = a;
}
```

说明：由于形参 p1、p2 是指针类型，所以在发生函数调用时，将实参变量 x、y 的地址分别传递给形参变量 p1、p2。这样形参所指向的内存就是实参变量所占用的内存，在 swap 函数中交换了 p1、p2 所指向的变量的值，也就是交换了实参 x、y 的值。在这个例子中，要想在一个函数中交换从主调函数传递过来的两个变量的值，必须借助于指针才能实现。

例题 8-12： 定义一个函数，用来求两个整数的和与差，并在 main()中调用它。

编程思路：函数中使用 return 语句只能返回一个值，使用指针做函数参数可以带回多于一个的返回值。题目要求求两个数的和与差，在完成求值后需要返回两个结果，可以用指针来实现带回两个值的要求。

程序如下：

```
#include <stdio.h>
void cal(int, int, int*, int*);
int main()
{
    int x1, x2, s1, s2;/*s1:保存两个数的和，s2:保存两个数的差*/
    x1 = 10;
    x2 = 20;
    cal(x1, x2, &s1, &s2);
```

```
    printf("%d+%d=%d\n",x1, x2, s1);
    printf("%d-%d=%d\n",x1, x2, s2);
    return 0;
}
void cal(int a, int b, int *p1, int *p2)
{
    *p1 = a + b;//函数调用时，p1 指向实参 s1，将结果直接存放在 s1 中
    *p2 = a - b;//函数调用时，p2 指向实参 s2，将结果直接存放在 s2 中
}
```

说明：函数 cal 有 4 个参数，a、b 是基本类型的，p1、p2 是指针类型的。那么一个形参在什么情况下应该定义为基本类型，在什么情况下应该定义为指针类型？可以根据传递过来的实参的值在函数执行前后的值是否改变来判断，如果实参的值没有改变，对应的形参就可以定义为基本类型；如果实参的值发生了改变，对应的形参就要定义为指针类型。就像本例中的 x1、x2 这两个实参的值在函数执行前后并没有改变，所以形参可以定义为基本类型，而 s1、s2 这两个实参的值在函数执行前后发生了改变，所以对应的形参应该定义为指针类型。

> **☆直通在线课**
>
> "指针作函数参数"这部分内容在在线课中给大家提供了丰富多样的学习资料。

8.3.2 返回指针的函数

一个函数可以返回 int、double 等基本类型的数据，也可以返回一个指针类型的数据。返回指针类型的函数的一般定义格式如下：

```
类型名 *函数名([形式参数列表])
{
        /*函数体*/
}
```

说明：函数名前面的"*"表示此函数为指针型函数，其函数值为指针，即它返回来的值的类型为指针类型，当调用这个函数后，将得到一个指定类型的指针变量。

例题 8-13：编写一个函数，返回两个数中较大值的地址，并在 main 中调用它。

程序如下：

```
#include <stdio.h>
int *repoint(int, int);
int main()
{
    int x = 15, y = 20, max;
```

```
    max = *repoint(x, y);
    printf("max=%d\n",max);

    return 0;
}
int *repoint(int a,int b) /*返回 a,b 中较大值的地址*/
{
    int *p;
    if(a > b)
    {
      p = &a; /*将较大值的变量的地址保存*/
    }
    else
    {
      p = &b;/*将较大值的变量的地址保存*/
    }
    return p;
}
```

使用返回指针的函数时需要注意的一点是，函数运行结束后会销毁在它内部定义的所有局部数据，包括局部变量和形式参数，函数返回的指针尽量不要指向这些数据，C 语言没有任何机制来保证这些数据会一直有效，它们在后续使用过程中可能会引发运行错误。

例题 8-14：函数返回的指针指向被调函数的局部变量。

程序如下：

```
#include <stdio.h>
int *func();
int main()
{
    int *p;
    p = func();
   printf("value = %d\n", p);
   return 0;
}
int *func()
{
    int n = 100;
    return &n;
}
```

说明：

（1）该程序在编译时会有如下警告信息：warning C4172: returning address of local variable or temporary。警告我们返回的是一个局部变量的地址，由于不是错误，可以继续运行程序。

（2）程序运行结果如图 8-15 所示。

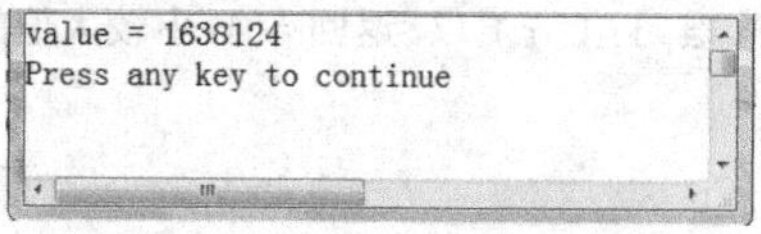
value = 1638124
Press any key to continue

图 8-15　例题 8-14 程序运行结果

显然这个结果并不是读者预想的 100。这是因为返回 main 中后，p 指向的变量 n 已经被释放，所以数据已经不是原来 n 的值了，它变成了一个毫无意义的值。

8.4　在线课程学习

一、学习收获及存在的问题

本章学习收获：

存在的问题：

二、“课堂讨论”问题与收获

“课堂讨论”问题：

“课堂讨论”收获：

三、"老师答疑"问题与收获

"老师答疑"问题：

"老师答疑"收获：

四、"综合讨论"问题与收获

"综合讨论"问题：

"综合讨论"收获：

五、"测验与作业"收获与存在的问题

"测验与作业"收获：

"测试与作业"存在的问题：

我们学到了什么

本章主要介绍了C语言的精髓——"指针"。首先介绍了什么是指针，什么叫指针变量，什么叫作指向。然后具体讲解了怎样定义一个指针变量，怎样初始化，怎样使用指针实现间接访问。同时详细介绍了指针可以参与的各种数学运算，这部分是重点。指针操作数组也是本章的重点，而且也是难点，尤其是处理多维数组时指针的指向问题，到底是指向了一个具体的元素，还是某一个一维甚至多维的数组，必须根据具体情况进行判断和使用。最后介绍了指针在函数中的作用，它可以作为参数，也可以作为返回值，利用指针的

特性，往往可以实现较复杂数据的传递工作。

牛刀小试——练习题

一、填空题

1．指针变量是把内存中某个数据的_____作为其值的变量。

2．空指针的常量是______。

3．如果在程序中定义变量：int k;

定义一个指向变量 k 的指针变量 p 的语句是__________。

通过指针变量，将数值 6 赋值给 k 的语句是__________。

二、选择题

1．变量的指针，其含义是指该变量的（　　）。

A．值　　　　B．地址

C．名　　　　D．一个标志

2．若定义：int a=511, *b=&a，则 printf("%d\n", *b)的输出结果为（　　）。

A．无确定值　　　　B．a 的地址

C．512　　　　D．511

3．已有定义 int a=2, *p1=&a, *p2=&a，下面不能正确执行的赋值语句是（　　）。

A．a=*p1+*p2;　　　　B．p1=a;

C．p1=p2;　　　　D．a=*p1*(*p2);

4．若有说明：int a=2, *p=&a, *q=p，则以下赋值语句中非法的是（　　）。

A．p=q;　　　　B．*p=*q;

C．a=*q;　　　　D．q=a;

5．若有声明语句：int a, b, c, *d=&c，则能正确从键盘读入 3 个整数分别赋给变量 a、b、c 的语句是（　　）。

A．scanf("%d %d %d", &a, &b, d);　　　　B．scanf("%d %d %d", a, b, d);

C．scanf("%d %d %d", &a, &b, &d);　　　　D．scanf("%d %d %d", a, b,*d);

6．若有语句 int *p, a=10; p=&a，下面均代表地址的一组选项是（　　）。

A．a, p　　　　B．&*a, &a, *p

C．*&p, ,&a　　　　D．&a, &*p, p

7．若需要建立如图所示的存储结构，且已有说明 double *p, a=0.25; 则正确的赋值语句是（　　）。

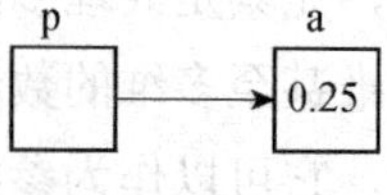

A．p=a;　　　　B．p=&a;

C．*p=a;　　　　D．*p=&a;

8．有如下语句：int m=6, n=9, *p, *q; p=&m; q=&n，如图甲所示，若要实现图乙所示的存储结构，可选用的赋值语句是（　　）。

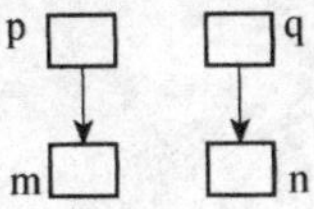

图甲

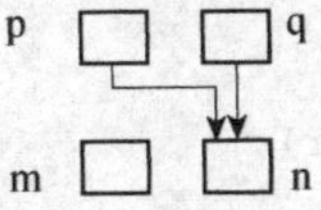

图乙

A．*p=*q;　　　　B．p=*q;

B．C．p=q;　　　　D．*p=q;

三、程序分析题

1．以下程序的输出结果是（　　）。

```
#include "stdio.h"
#include "string.h"

void main(){
   char b1[8]="abcdefg", b2[8], *pb=b1+3;
   while(--pb>=b1)strcpy(b2,pb);
   printf("%d\n", strlen(b2));
}
```

A．8　　　　B．3

C．1　　　　D．7

2．有以下程序：

```
#include "string.h"
#include "stdio.h"
main(){
   char *p="abcde\0fghjik\0";
   printf("%d\n", strlen(p));
}
```

程序运行后的输出结果是（　　）。

A．12　　　　B．15

C．6　　　　D．5

3．有以下程序：

```
void ss( char  *s, char  t) {
   while (*s) {
      if(*s==t) *s=t-'a'+'A';
      s++;
```

```
    }
}
void main(){
    char str[100]="abcddfefdbd", c='d';
    ss(str, c);
    printf("%s\n", str);
}
```

程序运行后的输出结果是（   ）。

A．ABCDDEFEDBD

B．abcDDfefDbD

C．abcAAfefAbA

D．Abcddfefdbd

四、编写程序

1．编写程序，使用指针实现 *a*、*b* 两个整型数值的互换。

2．编写程序，输入 3 个整数，使用指针由小到大进行顺序输出。

3．编写程序，实现一个能够计算指定字符串长度的函数。在 main 中从键盘输入字符串，进行测试。

4．现有 5 个字符串，分别是"C program""Android""Vue""Web App""Java program"。

（1）请编写程序，使用指针将这 5 个字符串进行升序排序。

（2）尝试将（1）中的功能编写成函数，通过参数将所有字符串传入函数进行排序。

第 9 章　我的类型我做主
——结构体与共用体

引　入

在 C 语言中，构造数据类型包括数组、结构体和共用体。数组虽然能够存储大量数据，但要求数组中的元素都属于同一种数据类型。然而在解决实际问题时，我们往往需要根据不同的需求将一组不同类型的数据组织在一起，形成一种新的数据类型，即“我的类型我做主”！这就需要使用结构体和共用体。本章详细讲解结构体类型及其变量的定义与使用、共用体类型及其变量的定义与使用、使用指针和结构体构造更复杂的数据结构——链表。

本章主要知识点

◎ 用户自定义类型的使用。
◎ 结构体类型及其变量的定义与使用。
◎ 共用体类型及其变量的定义与使用。
◎ 链表的创建及其基本操作。

本章难点

◎ 指向结构体变量的指针。
◎ 链表的创建及其基本操作。

9.1　用户自定义类型

为了增强程序的可读性和可移植性，C 语言允许用 typedef 为已有数据类型重新命名。其一般格式如下：

```
typedef  已有类型名  新类型名1[,新类型名2...];
```

功能：给已有类型名起个新名字，在程序中可以使用新类型名定义相应数据类型的变量。

例题 9-1： 使用 typedef 定义新的类型名 INTEGER，表示基本数据类型 int。

```
typedef int INTEGER;    /*将整型int重新命名为INTEGER*/
INTEGER i,j;            /*用INTEGER定义变量i和j*/
```

使用 typedef 后，INTEGER 是 int 的别名，此时可以用 INTEGER 定义整型变量。因此语句“INTEGER i,j;”与语句“int i,j;”是等效的。

若想为指针、数组、结构体等较为复杂的数据类型起一个新的名字，则可按照如下步骤进行：

（1）使用已有类型名定义变量。

（2）将变量名替换为新的类型名。

（3）在语句的最前面加上关键字 typedef。

（4）用新的类型名定义变量。

例题 9-2：用 typedef 给 char *类型定义新的类型名 PCHAR。

定义指向字符型变量的指针变量，使用语句“char *p;”完成。其中 p 是指针变量的名字，而 char *则为类型名。现给该类型定义一个新的名称 PCHAR，语句为：

```
typedef char *PCHAR;
```

写出该语句的步骤：

（1）使用已有类型名定义变量：char *cp。

（2）将变量名替换为新的类型名：char *PCHAR。

（3）在语句的最前面加上关键字 typedef：typedef char *PCHAR。

接下来就可以像 int 和 double 那样直接使用 PCHAR 定义指向字符型变量的指针变量了。语句“PCHAR p;”与语句“char *p;”等价。

例题 9-3：使用 typedef 为数组定义简洁的类型名称。

程序如下：

```
typedef int INT_ARRAY[100];
INT_ARRAY arr;      /*arr 即为包含 100 个整型元素的数组*/
```

INT_ARRAY 是新的类型名，表示包含 100 个元素的一维整型数组类型，即 int [100]，而 arr 则为该类型的变量。 语句“typedef int INT_ARRAY[100];”是如何写出的呢？可按如下步骤进行：

（1）int iarr[100];　　　　　　　　/*使用已有类型定义变量*/

（2）int INT_ARRAY[100];　　　　　/*将变量名替换为新的类型名*/

（3）tpyedef int INT_ARRAY[100];　/*在语句的最前面添加 typedef 关键字*/

9.2 结构体类型

如果需要编程完成“学生成绩管理系统”，对学生的各科成绩进行管理。一个学生的基本信息包括学号、姓名及语文、数学、英语三门课程的成绩，见表 9-1。

表 9-1　学生基本信息

num	name	chinese	math	english
101	Liming	98.0	100.0	85.5

那么，在程序中如何表示一个学生的基本信息呢？学号（num）、语文（chinese）成绩、数学（math）成绩及英语（english）成绩等属性都属于姓名为“Liming”的学生，如果将num、name、chinese、math、english分别定义为相互独立的简单变量，则难以反映它们之间的内在联系。应当把它们组织成一个组合项，在这个组合项中包含若干个类型不同的数据项，显然不能使用数组类型。这样，原有的基本数据类型和数组都无法解决此类问题。C语言提供了一种构造数据类型——结构体，它可将数据类型不同但相互关联的一组数据，组合成一个有机整体。

9.2.1　结构体类型的声明

结构体类型的声明

要使用结构体，首先需要声明结构体类型。结构体类型相当于是用户自定义了一种新的数据类型，用户定义好自己的结构体类型后，可以像使用int 定义一个整型变量一样，使用自定义的结构体类型去定义一些结构体变量。结构体类型的声明格式为：

```
struct [结构体名称]
{
        数据类型　数据项1;
        数据类型　数据项2;
        ……　　　……
        数据类型　数据项n;
};
```

说明：

struct是用来声明结构体类型的关键字，不能省略。紧跟其后的标识符是结构体名称。结构体名称是可选项。

①花括号“{}”将若干数据项括起来。每一个数据项称为结构体成员。每个结构体成员均需声明并以分号“;”结束。每个结构体成员的数据类型可以是任意的C语言数据类型。

②结构体名称和结构体成员名均需遵循C语言标识符的命名规则。

③结构体类型的声明必须以分号“;”结束。

例题9-4：声明用来表示学生基本信息的结构体类型。

程序如下：

```
struct Student
{
    int num;
    char name[20];
    float chinese;
    float math;
    float english;
```

```
};
```

在这个结构体类型的声明中，Student 是结构体名称，该结构体类型由 num、name 及 chinese、math、english 等 5 个成员组成。

例题 9-5：声明日期结构体类型。

程序如下：

```
struct  my_date
{
   int year;
   int month;
   int day;
};
```

数据类型相同的结构体成员，既可逐个、逐行分别定义，也可合并成一行定义。因此，日期结构体类型也可写成如下形式：

```
struct  my_date
{
    int year, month, day;
};
```

C 语言中，结构体成员既可以是基本数据类型、数组类型，也可以是另一个已经定义的结构体类型。

例题 9-6：修改 struct Student 结构体类型，增加 birthday（出生日期）成员。

```
struct  my_date
{
  int year;
  int month;
  int day;
};
struct Student
{
      int num;
      char name[20];
      struct my_date birthday;
      float chinese;
      float math;
      float english;
 };
```

学生的 birthday（出生日期）成员本身又是结构体 struct my_date 类型。

需要读者注意的是，结构体类型的声明可以放在程序的任意位置，并且只有先声明以后才可以使用。如果把结构体的声明放在函数内部，那么该结构体类型只能在函数的内部使用；如果在外部声明，那么它可以被声明之后的所有函数使用。

> **☆直通在线课**
>
> “结构体类型的声明”这部分内容在在线课中给大家提供了丰富多样的学习资料。

9.2.2　结构体变量的定义与使用

结构体变量的定义与使用

声明了结构体类型，就可以使用该结构体类型定义结构体变量。

1. 结构体变量的定义

定义结构体变量的方法，可概括为 3 种。

（1）间接定义法——先声明结构体类型再定义结构体变量。例如：

```
struct Student
{
  int num;
  char  name[20];
  float chinese,math,english;
};
struct Student s1;
```

变量 s1 即为结构体 struct Student 类型。凡是这种结构体类型的变量均由 num、name 等 5 个成员组成。这时系统会给变量 s1 分配内存，变量 s1 所占内存单元数是它的所有成员所占内存单元数的总和。在 VC++6.0 环境下，变量 s1 的存储情况如图 9-1 所示。

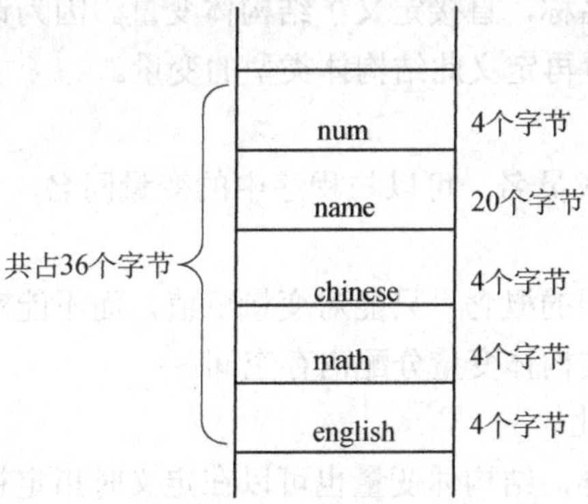

图 9-1　struct Student 结构体类型变量的存储情况

变量 s1 在内存中共占 36 个连续的字节单元。这个值可由 sizeof()运算符求得，即 sizeof(s1)或 sizeof(struct Student)。

通常，我们使用 typedef 给 struct Student 结构体类型起别名为 STUDENT。

```
typedef struct Student
{
```

```
    int num;
    char  name[20];
    float chinese,math,english;
  }STUDENT;
```

这样就可以使用别名来定义结构体变量：

```
  STUDENT s1;
```

该语句和“struct Student s1;”语句等价。

（2）直接定义法——在声明结构体类型的同时，定义结构体变量。例如：

```
struct Student
{
    int num;
    char  name[20];
    float chinese,math,english;
}  s1,s2;
```

变量 s1 和 s2 即为 struct Student 结构体类型的变量。

（3）无类型名——在定义结构体变量时省略结构体名称。例如：

```
struct
{
    int num;
    char  name[20];
    float chinese,math,english;
}s1,s2;
```

该方法缺省了结构体名称，直接定义了结构体变量。因为该方法没有完整的结构体类型名，所以不能在其他位置再定义此结构体类型的变量。

读者需注意：

（1）结构体类型中的成员名，可以与程序中的变量同名，它们代表不同的对象，互不干扰。

（2）类型与变量是不同的概念，只能对变量赋值，而不能对类型赋值，只有在定义结构体变量后，系统才会为结构体变量分配内存空间。

2. 结构体变量的初始化

与其他类型的变量一样，结构体变量也可以在定义时指定初始值，即结构体变量的初始化。结构体变量初始化的格式和一维数组初始化类似。其格式为：

```
struct 结构体名称 结构体变量={初值表};
```

像初始化数组一样，将初始值放在一对花括号中括起来，并且用逗号分隔，各初始值的顺序分别对应结构体中成员的顺序，初始值的数据类型，应与结构体变量中相应成员所要求的一致。

例如：

```
typedef struct Student
{
    int num;
    char  name[20];
    float chinese,math,english;
}STU;
STU s1={101,"李明",98.0f,100.0f,85.5f},s2={102,"王强",78.0f,95.0f,90.0f};
```

{}中的初始值 101、"李明"、98.0、100.0 及 85.5 赋值给结构体变量 s1 中的 num 成员、name 成员、chinese 成员、math 成员及 english 成员。同理，结构体变量 s2 中各成员也被初始化为 102、"王强"、78.0、95.0、90.0。

在初始化结构体变量时，既可以初始化全部成员，也可以只对其中部分成员进行初始化，例如：

```
STU s1={101,"Tom"};
```

这时，变量 s1 的 num 成员初始化为 101、name 成员初始化为"Tom"，而成员 chinese、math、english 没有初始值，系统自动初始化为 0.0（该类型的默认值）。

若结构体变量中的成员是数组或其他结构体类型，该如何初始化呢？例如：

```
struct  my_date
{
    int year;
    int month;
    int day;
};
typedef struct Student
{
    int num;
    char name[20];
    struct my_date birthday;   /*birthday是struct my_date结构体类型*/
    float score[3];
}STU;
STU s1={101,"李明",{2001,12,16},{98.0f,100.0f,85.5f}};
```

变量 s1 初始化时，外层的花括号将把变量的初始值括起来，而内层的花括号将数组或其他结构体类型的成员对应的初始值括起来。

3. 结构体变量的引用

结构体变量的引用规则：要通过成员运算符"."，逐个访问其成员。格式为：

```
结构体变量.成员          /*其中的"."是成员运算符*/
```

例如，s1.num 指的是结构体变量 s1 的 num 成员，可以像使用任意其他 int 类型的变量一样来使用 s1.num，因此下面的代码是正确的。

```
s1.num=145;
```

```
scanf("%d",&s1.num);
printf("学号: %d\n",s1.num);
```

注意：C 语言中，成员运算符“.”是双目运算符，优先级最高，结合性自左向右。因此表达式“&s1.num”等价于“&(s1.num)”，即取结构体变量 s1 中 num 成员的地址。

同样，对结构体变量 s1 中的 name 字符数组的引用可以按如下方式进行：

```
gets(s1.name);
scanf("%s",s1.name);/*s1 的 name 成员是数组类型，数组名代表数组的首地址*/
strcpy(s1.name,"zhang");/*字符串的复制不能使用赋值运算符=*/
```

如果结构体变量中某个成员本身也是一个结构体类型，则要用若干个成员运算符，一级一级地找到最低一级的成员。例如：

```
s1.birthday.year=2002;/*访问变量 s1 中的 birthday 成员中的 year 成员*/
s1.birthday.month=3;  /*访问变量 s1 中的 birthday 成员中的 month 成员*/
s1.birthday.day=25;   /*访问变量 s1 中的 birthday 成员中的 day 成员*/
```

需要读者注意：

（1）不能将一个结构体变量作为一个整体进行输入和输出，只能对结构体变量中的各个成员分别进行输入和输出。

（2）可以将一个结构体变量的值赋给另一个具有相同结构的结构体变量。例如，s1 和 s2 都是 struct Student 类型的变量，可以这样赋值：

```
s2= s1;/*将变量 s1 中各个成员的值赋给变量 s2*/
```

（3）对结构体变量的成员可以像普通变量一样进行各种运算（根据其类型决定可以进行的运算种类）。当表达式中包含成员运算符“.”和其他运算符时，应按照运算符的优先级别和结合性实施运算。例如：

```
s1.num++; 或者 ++s1.num;
```

由于成员运算符“.”的优先级最高，s1.num++等价于(s1.num)++，即++是对 s1 中的 num 成员进行自增运算。同理++s1.num 等价于++(s1.num)，同样是对结构体变量 s1 中 num 成员进行自增运算。

例题 9-7：结构体变量的引用。

程序如下：

```
#include <stdio.h>
struct my_date
{
    int year,month,day;
};
typedef struct Student
{
    int num;
    char name[20];
    struct my_date birthday;
```

```
        float score[3];
    }STU;
    void main()
    {
        STU s1={101,"Tom",{2002,12,3},{78.5f,88.0f,95.0f}},s2;
        int i;
        float avg=0;
        for(i=0;i<3;i++)
        {
          avg+=s1.score[i];
        }
        printf("学号：%d\t",s1.num);
        printf("姓名：%s\n",s1.name);
        printf("出生日期：%d年%d月%d日\t",s1.birthday.year,s1.birthday.month,s1.birthday.day);
        printf("平均成绩：%.1f\n",avg/3);
        printf("==============================\n");

        s2=s1;   /*将变量s1中各个成员的值赋给变量s2*/
        printf("变量s2赋值后的结果：%d %s\n",s2.num,s2.name);
    }
```

程序运行结果如图 9-2 所示。

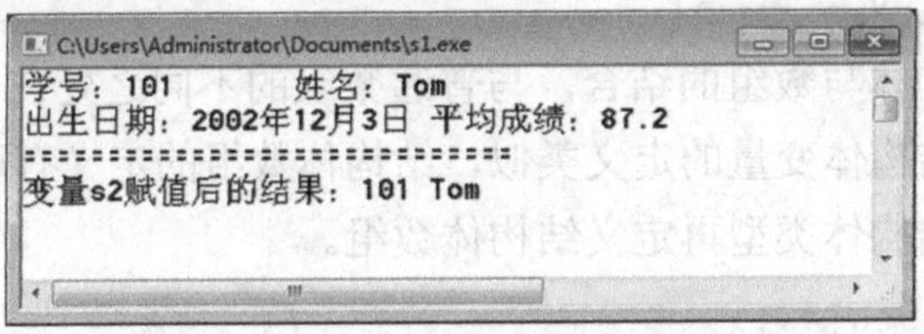

图 9-2　结构体变量的引用

☆直通在线课

“结构体变量的定义与使用”这部分内容在在线课中给大家提供了丰富多样的学习资料。

9.2.3　结构体数组

结构体数组

首先来分析在什么情况下需要使用结构体数组。

例如，某个班级有 40 名学生，每个学生有学号、姓名、语文成绩、英语成绩和数学成绩等信息，见表 9-2。要求输入每个学生的基本信息，计算平均成绩并输出。解决这个问题首先要知道在 C 语言中 40 名学生的基本信息是如何保存的。

表 9-2　学生基本信息

num	name	chinese	math	english
101	Liming	98	100	85
102	Hanhong	88	95	90
…	…	…	…	…

每个学生的学号、姓名及三科成绩的数据类型各不相同，但在逻辑上相关，可以定义为结构体类型。因此，第一步定义 struct Student 结构体类型。

```
struct Student
{
    int num;
    char name[20];
    float chinese,math,english;
};
```

接着，定义结构体变量。一个结构体变量可以保存一名学生的基本信息。如果要保存 40 名学生的信息，就需定义 40 个结构体变量。可以想象，这么多变量看起来太复杂，并且不方便操作，有没有更简便的方法呢？

一个结构体类型的变量只能表示一个实体的信息，如果有许多相同类型的实体，就需要使用结构体类型的数组。

1. 结构体数组的定义

结构体数组是结构体与数组的结合，与普通数组的不同之处在于每个元素都是一个结构体类型的变量。和结构体变量的定义类似，结构体数组的定义有以下三种格式。

格式一：先声明结构体类型再定义结构体数组。

```
struct Student stu[40];
```

stu 这个数组包含 40 个元素（stu[0]~stu[39]），每个元素都可以看成一个 struct Student 类型的变量，用来保存一个学生的信息。在编译时，系统会分配 40*sizeof(struct Student) 个字节的连续的存储空间来存储每一个学生的基本信息。

格式二：在声明结构体类型的同时，定义结构体变量。

```
struct Student
{
    int number;
    char name[20];
    float chinese,math,english;
}stu[40];
```

格式三：在定义结构体数组时省略结构体名称。

```
struct
{
    int number;
    char name[20];
    float chinese,math,english;
}stu[40];
```

2. 结构体数组的初始化

与其他类型的数组一样，对结构体数组可以初始化。例如：

```
struct Student stu[2]={{101,”zhang”,89,90,85},{102,”li”,78,93,85}};
```

用一对花括号{}将数组元素的初始值括起来。数组中的每个元素是 struct Student 结构体类型的变量，同样需要使用花括号{}将该结构体变量中各个成员的初始值括起来。

注意：

（1）当对数组的全部元素进行初始化时，可以省略表示数组长度的常量。即：

```
struct Student stu[]={{101,”zhang”,89,90,85},{102,”li”,78,93,85}};
```

（2）也可以只给数组中的部分元素赋初值。例如：

```
struct Student stu[5]={{101,”zhang”,89,90,85},{102,”li”,78,93,85}};
```

数组 stu 中共有 5 个元素，其中 stu[2]~stu[4]三个元素未赋值，系统自动将这三个元素中的各个成员初始化为 0。

3. 数组元素引用

因为数组中的每一个元素都是结构体类型的变量，同样需要使用成员运算符“.”访问它的每一个成员。访问格式为：

```
结构体数组名[下标].结构体成员名
```

每个元素中的成员的使用方法与同类型的变量完全相同。例如：

```
stu[i].num=101;
strcpy(stu[i].name,"zhang");
stu[i].chinese=89;
stu[k]=stu[i];
```

例题 9-8： 某个班级有 5 名学生，每个学生有学号、姓名、语文成绩、英语成绩和数学成绩等信息。编写程序输入 5 名学生的相关信息后，计算每名学生的平均成绩并输出。

程序如下：

```
#include <stdio.h>
#define N 5
/*声明结构体类型*/
struct Student
{
```

```
    int num;
    char name[20];
    float chinese;
    float math;
    float english;
};
int main()
{
   struct Student stu[N]; /*定义struct Student结构体数组*/
   int i;
   /*输入每个学生的基本信息*/
   for(i=0;i<N;i++)
   {
        printf("请输入学号：");
        scanf("%d",&stu[i].num);
        printf("请输入姓名：");
        scanf("%s",stu[i].name);
        printf("请输入语文、数学和英语成绩：");
        scanf("%f",&stu[i].chinese);
        scanf("%f",&stu[i].math);
        scanf("%f",&stu[i].english);
   }
   /*计算每个学生的平成绩并输出*/
   for(i=0;i<N;i++)
   {
        float avg=(stu[i].chinese+stu[i].math+stu[i].english)/3;
        printf("\n学号：%d",stu[i].num);
        printf("\n姓名：%s",stu[i].name);
        printf("\n平均成绩：%f",avg);
   }
}
```

☆直通在线课

“结构体数组”这部分内容在在线课中给大家提供了丰富多样的学习资料。

9.2.4　结构体指针

指针不仅可以指向简单变量和数组，还可以指向结构体类型的变量和数组。

1. 指向结构体变量的指针变量

在C语言中，变量需要先定义再使用。结构体类型的指针变量的定义格式为：

```
struct 结构体类型名 *指针变量名;
```

例如：

```
struct Student
{
    int num;
    char name[20];
    float chinese,math,english;
}s1={101,"Tom",98,78,88};
struct Student *pt=&s1;
```

pt即为指针变量，表达式&s1取结构体变量s1的地址赋给指针变量pt，这样指针变量pt指向结构体变量s1。

当一个指针变量指向某个结构体变量后，就可以利用该指针变量来读取结构体变量中的成员，常用的方式有以下两种。

（1）(*结构体类型指针变量名).成员名。其中，“.”为C语言中的成员运算符，优先级高于间接访问运算符“*”，因此“*结构体类型指针变量名”两边需要加()。例如：

```
(*pt).num    访问pt指向的结构体变量中的num成员
(*pt).chinese=96.5f;  访问pt指向的结构体变量中的chinese成员，并赋值
```

（2）结构体类型指针变量名->成员名。“->”为C语言中的指向运算符，与“()”“[]”“.”的优先级一样，属于优先级最高的运算符，结合性为自左向右。例如：

```
pt->num    访问pt指向的结构体变量中的num成员
pt->chinese=96.5f;    访问pt指向的结构体变量中的chinese成员，并赋值
```

例题9-9：通过指针变量访问结构体类型变量。

程序如下：

```
#include <stdio.h>
/*声明结构体类型*/
struct Student
{
    int num;
    char name[20];
    float chinese;
    float math;
    float english;
```

```
};
int main()
{
    /*定义结构体变量 s1 和指针变量 pt*/
    struct Student s1={105,"李强",98,65,88},*pt;
    /*让指针变量 pt 指向结构体变量 s1*/
    pt=&s1;

    /*访问结构体变量中的成员--(*指针变量).成员  */
    printf("学号: %d",(*pt).num);
    printf(" 姓名: %s",(*pt).name);
    printf(" 语文: %f",(*pt).chinese);
    printf(" 数学: %f",(*pt).math);
    printf(" 英语: %f\n",(*pt).english);

    /*访问结构体变量中的成员--指针变量->成员    */
    printf("学号: %d",pt->num);
    printf(" 姓名: %s",pt->name);
    printf(" 语文: %f",pt->chinese);
    printf(" 数学: %f",pt->math);
    printf(" 英语: %f\n",pt->english);
    return 0;
}
```

程序运行结果如图 9-3 所示。

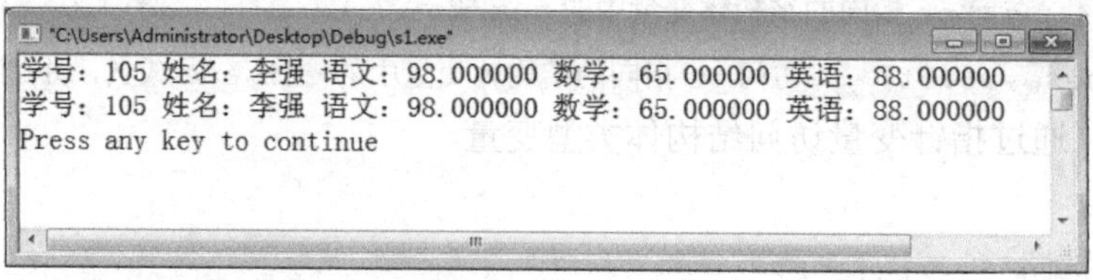

图 9-3 程序运行结果

2. 指向结构体类型数组的指针

结构体类型的指针变量还可以指向结构体数组中的一个元素，这时结构体类型的指针变量的值是该结构体数组中元素的首地址。

例如：

```
struct Student
{
    int num;
```

```
    char name[20];
    float chinese,math,english;
}stu[5];
struct Student *pt=stu;
```

指针变量 pt 指向数组 stu 中第一个元素，这样就可以利用 pt 来引用数组 stu 中的各个元素。

例题 9-10：使用结构体类型指针变量访问结构体数组中的内容。

程序如下：

```
#include <stdio.h>
#define N 5
/*声明结构体类型*/
struct Student
{
   int num;
   char name[20];
   float chinese;
   float math;
   float english;
};
void main()
{
  struct Student stus[N]={{1,"李强",94,86,92},
        {2,"王刚",90,88,72},
        {3,"李小萌",90,88,78},
        {4,"赵四",68,60,66},
        {5,"韩梅梅",70,75,78}};
  struct Student *pt=stus;
  printf("学号\t 姓名\t 平均成绩\n");
  for(;pt<stus+N;pt++)
  {
       float avg=(pt->chinese+pt->math+pt->english)/3;
       printf("%d\t%s\t%f\n",pt->num,pt->name,avg);
  }
}
```

程序的运行结果如图 9-4 所示。

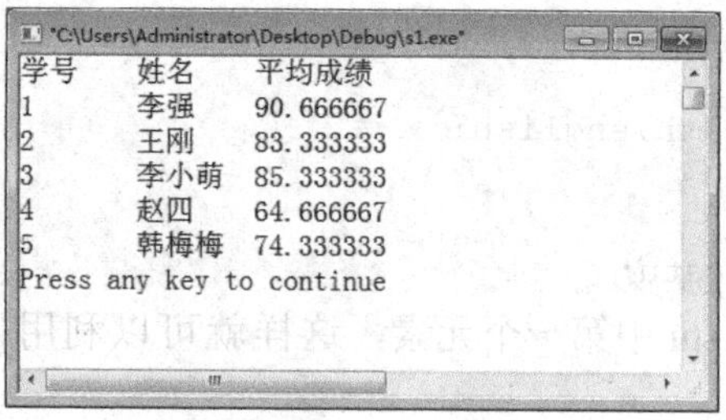

图 9-4 程序运行结果

在程序中，表达式 pt++表示移动 pt 指针，使得 pt 指针指向下一个元素。这样通过循环就可依次访问数组中的每一个元素。

9.3 共用体类型

共用体是一种构造数据类型，允许在相同的内存位置存储不同类型的数据。共用体和结构体有一些相似之处，例如，都属于构造类型、都包含若干成员，但两者有本质上的区别。在结构体中，各成员有各自的内存空间，一个结构体变量的总长度是各成员长度之和。而在共用体中，各成员共享一段内存空间，在同一时刻只有其中一个成员起作用，而其他成员不起作用。为了能够存放各种类型的成员，一个共用体变量的长度等于各成员中最长成员的长度。

1. 共用体类型的声明

声明共用体类型的一般格式如下：

```
union [共用体类型名]
{
    /*成员变量列表*/
};
```

其中，union 是共用体类型声明的关键字；成员变量列表中有若干成员，成员的一般格式为“数据类型　成员变量名;”。例如：

```
union data
{
    int i;
    char office[10];
    double d;
};
```

这段代码声明了一个名为 data 的共用体类型，包含三个成员：整型的成员 i、字符数组类型的成员 office 及双精度类型的成员 d。注意：共用体类型中的成员可以是简单类型，也可以是数组、指针、结构体或共用体类型。

2. 共用体变量的定义

和结构体变量的定义方式相同，共用体变量的定义也有3种形式：

（1）先声明共用体类型，再定义该类型的变量。

```
union data
{
    int i;
    char office[10];
    double d;
};
union data u1,u2;   /*定义u1和u2为data类型的变量*/
```

或者是：

```
typedef union data
{
    int i;
    char office[10];
    double d;
}DATA;
DATA u1,u2;         /*和语句union data u1,u2;等价*/
```

（2）声明共用体类型的同时定义变量。

```
union data
{
    int i;
    char office[10];
    double d;
} u1,u2;            /* 定义u1和u2为data类型的变量*/
```

（3）默认共用体类型名。

```
union
{
    int i;
    char office[10];
    double d;
} u1,u2;
```

变量u1和u2均为共用体类型的变量，系统给变量u1和u2分配多大的内存空间呢？在VC++6.0环境下，int类型、double类型及char[10]类型的数据分别为4、8、10个字节的内存空间，因此给变量u1和u2分配的内存单元数是10个字节，即所有成员中最长的成员的数据长度（可以利用sizeof运算符测试u1和u2的长度，即sizeof(u1)或sizeof(union data)）。

3. 共用体变量的赋值与使用

共用体变量中，成员的引用和结构体完全相同，有以下三种方式：

（1）共用体变量名.成员名。

（2）指向共用体变量的指针变量->成员名。

（3）(*指向共用体变量的指针变量).成员名。

例如：

```
union data
{
    int i;
    char office[10];
    double d;
} u1;
```

其中，u1 是 union data 共用体类型的变量，可使用 u1.i、u1.office 和 u1.d 访问共用体变量 u1 中的每一个成员。除了使用成员运算符“.”引用共用体变量中的成员外，也可以通过指针变量，使用指向运算符“->”引用共用体变量中的成员。例如：

```
union data *pt1,u1;
pt1=&u1;
```

这时(*pt1).i、(*pt1).office、(*pt1).d、pt1->i、pt1->office 及 pt1->d 都能够正确地引用共用体变量 u1 中的各成员。注意：不允许直接用共用体变量名进行输入、输出操作，也不允许对共用体变量进行初始化赋值。

例题 9-11：共用体变量的使用。

程序如下：

```
#include <stdio.h>
#include <string.h>
union data
{
    int i;
    char office[10];
    double d;
};
void main()
{
    union data u1,*pu=&u1;
    u1.i=100;
    pu->d=12.3;
    strcpy((*pu).office,"class1");
    printf("%d\n",u1.i);
```

```
    printf("%f\n",pu->d);
    printf("%s\n",(*pu).office);
}
```

当指针变量 pu 指向了共用体变量 u1 后，u1.i、pu->d 及(*pu).office 都是合法的。程序的运行结果如图 9-5 所示。

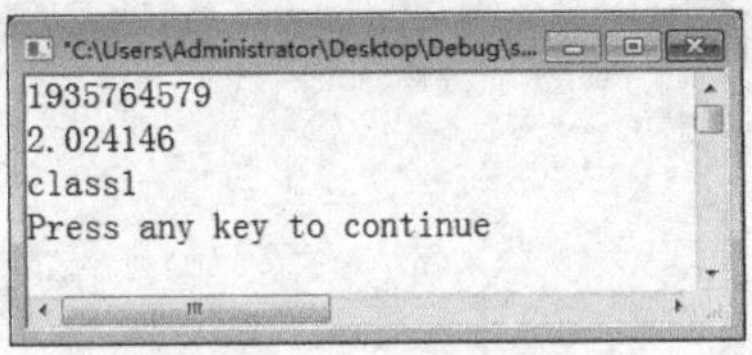
"C:\Users\Administrator\Desktop\Debug\s...
1935764579
2.024146
class1
Press any key to continue

图 9-5　程序运行结果

从程序的运行结果可以看出，不能同时引用共用体变量 u1 中的三个成员，在某一时刻，只能引用其中一个成员。一个共用体变量不能同时存放多个成员的值，而只能存放其中的一个值，也就是最后赋予的成员的值。

结构体与共用体可以相互嵌套，结构体中的成员可以是共用体类型的变量，共用体中的成员也可以是结构体类型的变量。

例题 9-12：假设有如表 9-3 所示的表格，包含教师和学生的数据。其中，教师信息包括姓名、年龄、职业、职务 4 项；学生信息包括姓名、年龄、职业、年级 4 项，编程输入不同人员的数据，再以表格形式输出。

表 9-3　人员基本信息表

姓名	年龄	职业	职务	年级
张小虎	34	T	副教授	
李大牛	18	S		2019
王丽丽	18	S		2018
郑辉	45	T	教授	

编程思想：该表中，“职业”一项可分为“T”教师和“S”学生两类，这样声明一个共用体变量来存储职务和年级。

程序如下：

```
#include <stdio.h>
#define N 2
typedef struct Teacher_Student
{
    char name[30];
    int age;
    char job;
```

```
    union
    {
        int grade;
        char postion[30];
    }category;
} Tea_Stu;
int main()
{
    Tea_Stu sta[N];
    int i;
    for(i=0;i<N;i++)
    {
        printf("请输入基本信息，包括姓名、年龄和职业：");
        scanf("%s %d %c",sta[i].name,&sta[i].age,&sta[i].job);
        if('t' == sta[i].job)
        {
            printf("请输入职务：");
            scanf("%s",sta[i].category.postion);
        }
        else if('s'==sta[i].job)
        {
            printf("请输入年级：");
            scanf("%d",&sta[i].category.grade);

        }else{
            printf("输入错误");
        }
    }
    printf("--------------------------------------------------\n");
    printf("name\tage\tjob\tposition\tgrade\n");
    for(i=0;i<N;i++)
   {
        printf("%s\t%d\t%c",sta[i].name,sta[i].age,sta[i].job);
        if(sta[i].job=='t')
            printf("\t%s\n",sta[i].category.postion);
        else
            printf("\t\t\t%d\n",sta[i].category.grade);
```

```
    }
        printf("--------------------------------------------------------
\n");
}
```

程序的运行结果如图 9-6 所示。

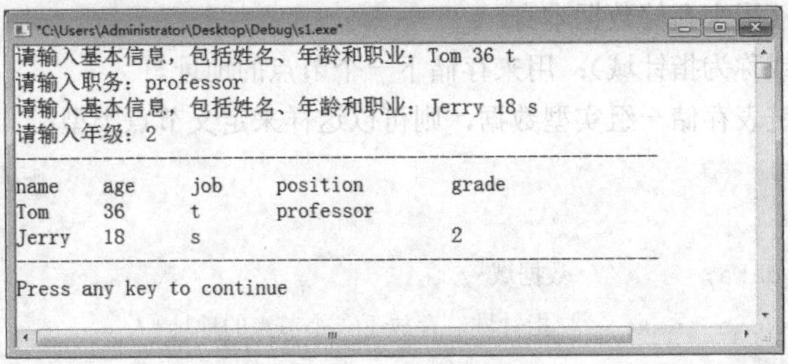

图 9-6　程序运行结果

9.4　链表

使用 C 语言，编写一个简单的学生管理系统，可以定义一个结构体数组来保存多个学生的基本信息。例如，“struct Student stus[100];”，数组 stus 最多可以存放 100 个学生的基本信息。

在人数已知的情况下使用结构体数组存放学生信息是可以的，因为数组在定义时必须确定数组的大小。如果学生人数预先不确定呢？有的读者会想，将数组定义得足够大，比如元素个数是 1000 个就可以了。但还是存在问题：如果只有 10 个学生，则会造成内存的浪费；如果超过 1000 个学生，数组就存放不下了。如何来解决这个问题呢？

C 语言中，数组的内存是静态分配的，也就是说在程序编译时必须知道数组的大小。其实，对内存的使用可以动态地进行。程序运行中需要内存时，可临时分配内存单元，不用时可随时将其释放，使数据的存储和处理更加灵活和高效，这就是动态分配内存，而链表是实现动态分配的一种方法。

9.4.1　链表的概念

链表由若干节点构成，每个节点含有两部分内容：数据部分和指针部分。数据部分用于存储程序运行所需的数据，指针部分则存放下一个节点的地址。因此，可以通过一个节点访问下一个节点。如图 9-7 所示的是一个存放{12.3,8.0,9.5,25.0}4 个元素的链表。

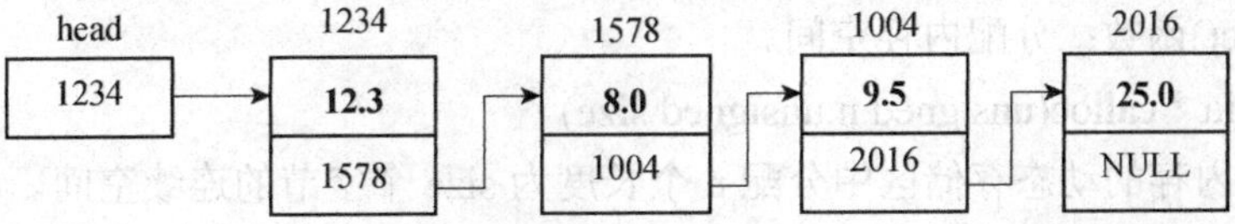

图 9-7　链表存储示意图

在链表中，指针变量 head 是头指针，指向第一个节点。尾节点的指针部分存放的是 NULL（空地址），表示它不指向任何节点，链表到此结束。

1. 链表节点的定义

链表是由多个节点形成的链。每个节点是一个结构体变量，该结构体变量包含以下两部分。

（1）数据域：用来存储数据本身。

（2）链域（或称为指针域）：用来存储下一个节点的地址。

例如，要用链表存储一组实型数据，则可以这样来定义节点类型：

```
struct Node
{
    double data;        /*数据域*/
    struct Node *next; /*指针域，存放下一个节点的地址*/
};
```

其中，next 是指向下一个节点的指针变量，因此，next 的类型为“struct Node *”。

2. 常见的内存管理函数

在链表中，每个节点的内存是根据程序需要动态分配的，需要用到 malloc()、calloe()及 frec()等系统函数，这些函数的头文件都是 stdlib.h。

（1）malloc()函数：分配内存空间。

格式：void * malloc(unsigned size)

功能：在内存的动态存储区中分配一块长度为 size 个字节的连续区域。函数的返回值为该区域的首地址，是 void*类型。因此，若要把返回值赋给其他类型的指针变量时，应对返回值实行强制类型转换。如果内存中没有足够的空间供分配，则返回值为零，即 NULL（空指针）。

例如：

```
double *pd;
pd=(double*)malloc(8);
```

表示分配 8 个字节的内存空间，并将该内存空间的地址返回，赋给指针变量 pd。

例如：

```
struct Node *p=(struct Node*)malloc(sizeof(struct Node));
```

sizeof 运算符求出结构体 struct Node 类型的数据在内存中所占的字节数，malloc()函数在内存的动态存储区中分配 sizeof(struct Node)个字节的存储空间，并将该内存空间的地址返回，赋给指针变量 p。struct Node 结构体类型是链表中节点的类型，因此该语句动态地创建了一个节点。

（2）calloc()函数：分配内存空间。

格式：void * calloc(unsigned n,unsigned size)

功能：在内存的动态存储区中分配 n 个长度为 size 个字节的连续空间。函数的返回值为该区域的首地址。如果内存中没有足够的空间可供分配，则返回值为零，即 NULL（空指针）。

例如：

```
struct Student *ps;
ps=(struct Student*)calloc(4,sizeof(struct Student));
```

其中，sizeof(struct Student)计算结构体类型 struct Student 的数据所占的字节数。该语句的功能是分配 4 个长度为 sizeof(struct Student)字节的连续区域，并把该连续区域的首地址赋给指针变量 ps。

注意：calloc()函数的使用形式与 malloc()函数基本相同，不同之处在于 malloc()函数仅分配一个长度为 size 的内存空间，而 calloc()函数分配 n 个长度为 size 的连续空间。

（3）free()函数：释放内存空间。

格式：void free(void *p)

功能：释放由指针变量 p 指向的内存区域，使被释放的内存空间可以重新分配给其他变量使用。参数 p 是调用 calloc()或 malloc()函数时返回的值。free()函数无返回值。

例如：

```
free(ps);
```

释放 ps 所指向的连续的内存区域。

读者需注意：C 语言中，在函数内部动态分配的内存，系统是不会自动释放的，必须通过调用释放内存的函数来释放。如果程序只知道申请内存，用完了却不及时归还，很容易将内存耗尽，使程序最终无法运行。因此，需要动态分配内存的程序一定要及时释放内存，即 malloc()或 calloc()函数一般和 free()函数成对出现。

9.4.2 链表的基本操作

链表的常用操作包括建立、遍历、查找、插入和删除等。例题 9-13 详细讲解了链表的常用操作。

例题 9-13：使用链表存储一组学生的姓名信息，如图 9-8 所示。

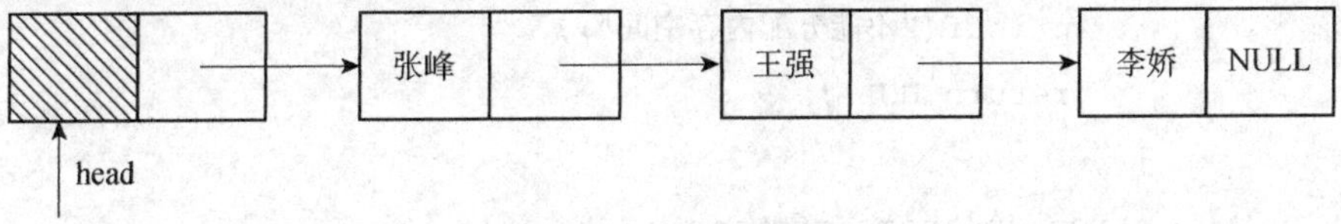

图 9-8 链表存储示意图

链表一般有两种形式，带头节点的链表和不带头节点的链表。所有的链表都要有头指针 head，带头节点的链表的头指针指向头节点，头节点的指针域指向首元素节点，如图 9-8 所示；不带头节点的链表的头指针直接指向首元素节点，如图 9-7 所示。

1. 创建链表

首先定义链表中节点的类型：

```
#include <stdlib.h>
#include <string.h>
```

```c
#include <stdio.h>
typedef struct node
{
    char name[20];
    struct node *next;
}Node;
```

接着编写函数 create()来创建链表：

```c
Node * create()
{
    /*
     *指针变量 head 指向头节点
     *指针变量 q 指向当前节点的前一个节点
     *指针变量 p 指向当前节点
     */
    Node *head,*p,*q;
    char stuName[20];
    head=(Node*)malloc(sizeof(Node));/*头指针指向头节点*/
    head->next=NULL;
    q=head;/*指针变量 p 指向头节点*/
    printf("请输入学生姓名（输入'none '表示输入结束）：");
    gets(stuName);/*输入学生姓名*/
    while(strcmp(stuName,"none")!=0)
    {
        if((p=(Node *)malloc(sizeof(Node)))==NULL)
        {
            printf("不能分配内存空间");
            return NULL;
        }
        strcpy(p->name,stuName);
        q->next=p;
        q=p;
        printf("请输入学生姓名（输入'none '表示输入结束）：");
        gets(stuName);
    }
    q->next=NULL;
    return head;
}
```

```
int main()
{
    Node *head;
    head=create();
    return 0;
}
```

程序执行过程如图 9-9 所示。

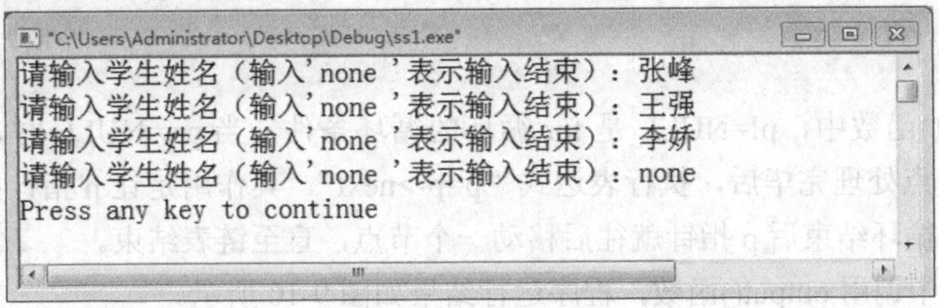

"C:\Users\Administrator\Desktop\Debug\ss1.exe"
请输入学生姓名（输入'none '表示输入结束）：张峰
请输入学生姓名（输入'none '表示输入结束）：王强
请输入学生姓名（输入'none '表示输入结束）：李娇
请输入学生姓名（输入'none '表示输入结束）：none
Press any key to continue

图 9-9　程序执行过程

在链表的相关操作中，经常会用到三个指针变量 head、p 和 q。head 指针变量指向链表的头节点，是找到整个链表的唯一依据，head 指针丢失，整个链表就找不到了。在创建链表时，p 指针总是指向采用动态内存分配方式创建的新节点，q 指针总是指向链表的尾节点。而尾节点是链表的最后一个节点，它的 next 指针域的值为 NULL（NULL 是一个符号常量，表示值为 0 的地址）。create()函数采用尾插法，将新创建的节点插入到链表的末尾。图 9.8 是包含三个节点的链表构建完毕时的情况示意图。

程序中的语句“q->next=p;”，则将变量 p 的值赋给 q 所指向的节点的指针域，这样就把 q 所指向的节点和 p 所指向的节点连接起来。

2. 遍历和查找链表

create()函数用于创建链表，返回链表头节点的地址。接下来，如何遍历整个链表，输出每个学生的姓名呢？

链表和数组不同，数组元素的内存地址是连续的，只要知道数组的首地址及元素在数组中的偏移量，就可以随机访问数组元素。而链表中各个节点所占内存是利用 malloc()动态分配的，地址不连续，因此不能随机访问链表中的某个节点，只能从链表的第一个节点开始，遍历链表找到需要的节点。

程序如下：

```
void output(Node *head)
{
    Node *p;
    for(p=head->next;p!=NULL;p=p->next)
    {
        printf("%s\n",p->name);
    }
```

```
}
int main()
{
    Node *head;
    head=create();
    printf("----------------------------------------\n");
    output(head);
    return 0;
}
```

在 output()函数中，p!=NULL 是 for 循环的循环条件，当 p==NULL 时，表示链表已结束。一个节点处理完毕后，执行表达式“p=p->next”，其作用是让 p 指针指向下一个节点。这样每次循环结束后 p 指针就往后移动一个节点，直至链表结束。

在 main()中调用 output()函数，程序运行结果如图 9-10 所示。

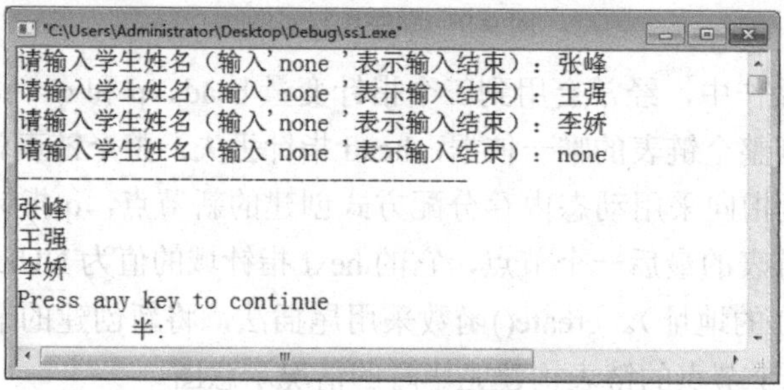

图 9-10　遍历节点

如果要在链表中查找某个指定的节点，则只在遍历的基础上增加查找条件即可。程序如下：

```
Node* findNodeByName(Node *head,char name[20])
{
  Node *p=head;
    while(p!=NULL && strcmp(p->name,name)!=0)
    {
      p=p->next;
    }
    return p;
}
int main()
{
  Node *head,*pt;
  char stuName[20];
  head=create();
```

```
    printf("-----------------------------------\n");
    /*output(head);*/
      printf("请输入学生姓名: ");
      gets(stuName);
      pt=findNodeByName(head,stuName);
      if(pt==NULL)
        printf("没有找到指定学生");
      else
        printf("找到指定学生: %s\n",pt->name);

      return 0;
  }
```

程序的执行过程如图 9-11 所示。

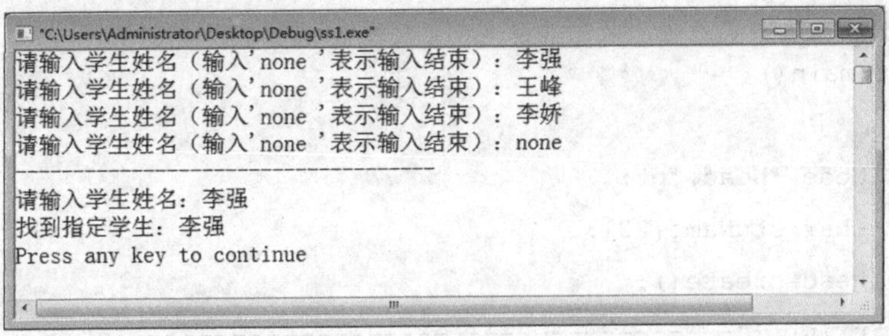
"C:\Users\Administrator\Desktop\Debug\ss1.exe"
请输入学生姓名（输入'none'表示输入结束）：李强
请输入学生姓名（输入'none'表示输入结束）：王峰
请输入学生姓名（输入'none'表示输入结束）：李娇
请输入学生姓名（输入'none'表示输入结束）：none
请输入学生姓名：李强
找到指定学生：李强
Press any key to continue

图 9-11 查找指定节点

3. 插入节点

在如图 9-8 所示的链表中，要在“张峰”和“王强”这两个学生节点之间插入一个节点，姓名为“Tom”，插入方法为：p 指针指向新创建的节点，q 指针指向插入点节点。即 p 节点应插入到 q 节点之后。这时只需修改以下两个指针即可。

```
p->next=q->next;  //p 所指节点的 next 指针域指向 q 节点的后续节点
q->next=p;        //q 节点的 next 指针域指向 p 节点
```

操作过程如图 9-12 所示。

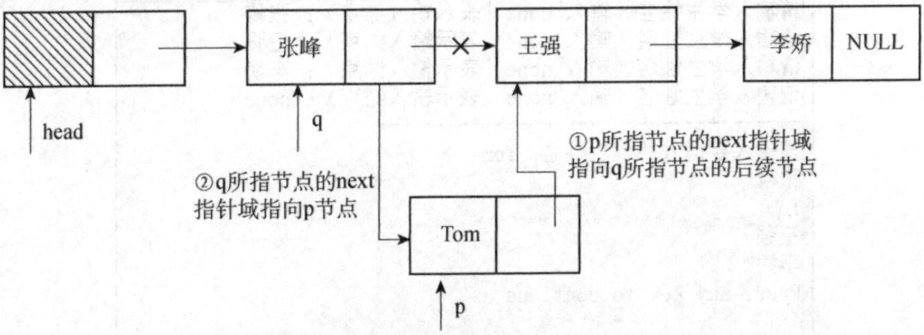
张峰
王强
李娇
NULL
head
q
①p所指节点的next指针域指向q所指节点的后续节点
②q所指节点的next指针域指向p节点
Tom
p

图 9-12 插入节点的操作过程

```
void insertNode(Node *head,char sName[20],char tName[20])
{
    Node* q=findNodeByName(head,sName);
    if(q==NULL)
      {
       printf("未找到插入点！");
       return;
      }
    Node *p=(Node*)malloc(sizeof(Node));
      strcpy(p->name,tName);
    p->next=q->next;
    q->next=p;
    return;
}
int main()
{
    Node *head,*pt;
    char stuName[20];
    head=create();
    printf("----------------------------------\n");
    printf("请输入要插入的学生姓名：");
    gets(stuName);
    insertNode(head,"张峰",stuName);
    output(head);
    return 0;
}
```

程序运行结果如图 9-13 所示。

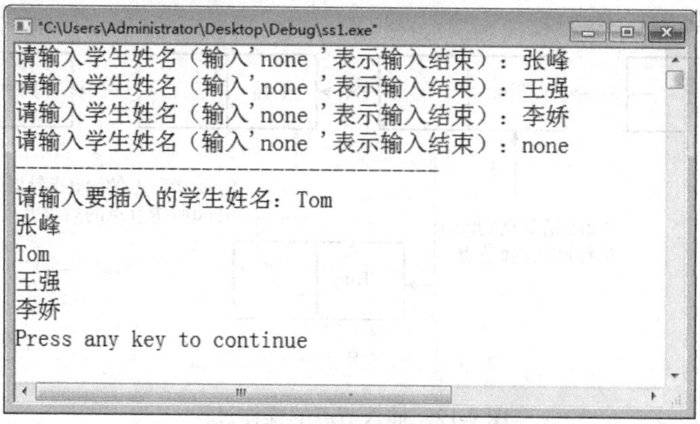
"C:\Users\Administrator\Desktop\Debug\ss1.exe"
请输入学生姓名（输入'none'表示输入结束）：张峰
请输入学生姓名（输入'none'表示输入结束）：王强
请输入学生姓名（输入'none'表示输入结束）：李娇
请输入学生姓名（输入'none'表示输入结束）：none

请输入要插入的学生姓名：Tom
张峰
Tom
王强
李娇
Press any key to continue

图 9-13　程序运行结果

4. 删除节点

链表是由多个节点链接而成的，在删除某个节点时，不仅需要将该节点所占的内存空间释放，还需将该节点之前的节点与该节点之后的节点连接起来，从而保证整个链表不断开。删除某个节点的过程如图 9-14 所示，这时指针变量 q 指向被删除节点的上一个节点，指针变量 p 指向要被删除的节点。

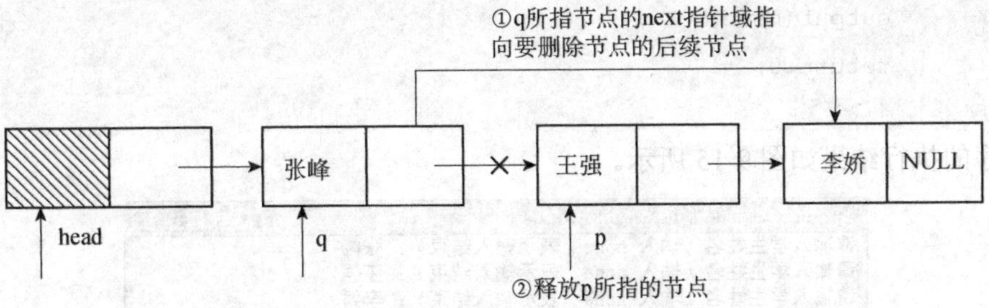

图 9-14 删除指定节点的过程

程序如下：

```
void deleteNode(Node *head,char name[20])
{
    Node *p,*q;
    p=head;
    for(q=p,p=p->next;p!=NULL;p=p->next,q=q->next)
    {
        if(strcmp(p->name,name)==0)
            break;
    }
    if(p!=NULL)
    {
        q->next=p->next;
        free(p);
        printf("删除节点成功\n");
    }
    else
        printf("没有找到要删除的节点\n");
}

int main()
{
    Node *head,*pt;
    char stuName[20];
```

```
    head=create();
    printf("------------------------------------\n");
    printf("请输入要删除的学生姓名：");
    gets(stuName);
    deleteNode(head,stuName);
    output(head);
    return 0;
}
```

程序的执行结果如图 9-15 所示。

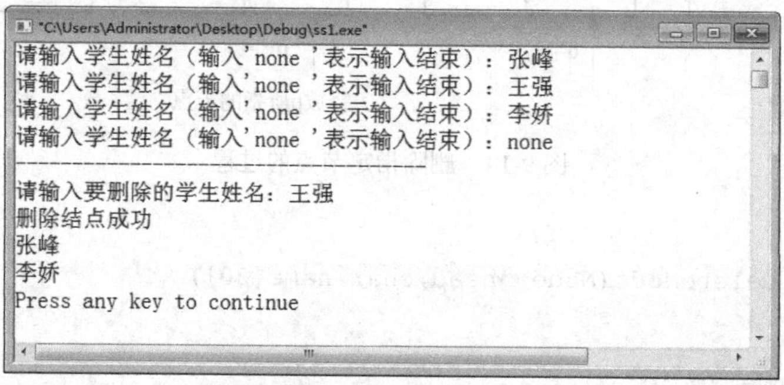
"C:\Users\Administrator\Desktop\Debug\ss1.exe"
请输入学生姓名（输入'none '表示输入结束）：张峰
请输入学生姓名（输入'none '表示输入结束）：王强
请输入学生姓名（输入'none '表示输入结束）：李娇
请输入学生姓名（输入'none '表示输入结束）：none
请输入要删除的学生姓名：王强
删除结点成功
张峰
李娇
Press any key to continue

图 9-15　程序运行结果

程序中的 for 循环用于搜索链表中是否存在指定姓名的节点。循环结束后，如果 p 的值是 NULL，则表示链表中没有找到指定节点；否则指针变量 p 就会指向即将被删除的这个节点。而指针变量 q 则指向被删除节点的前一个节点。

注意：要删除的节点一定要调用 free()函数，释放其占用的内存空间，否则这块内存会被一直占用直到程序运行结束。

9.5　在线课程学习

一、学习收获及存在的问题

本章学习收获：

存在的问题：

二、“课堂讨论”问题与收获

“课堂讨论”问题：

“课堂讨论”收获：

三、“老师答疑”问题与收获

“老师答疑”问题：

“老师答疑”收获：

四、“综合讨论”问题与收获

“综合讨论”问题：

“综合讨论”收获：

五、“测验与作业”收获与存在的问题

“测验与作业”收获：

“测试与作业”存在的问题：

____

____

____

我们学到了什么

本章详细讲解了 C 语言中的构造数据类型——结构体和共用体的定义与使用。

与数组相比，结构体中各个成员的数据类型可以不同，这样就可以把一个对象的不同属性有机地组合起来。而结构体数组使得存储具有多个属性的对象集合更加方便。

链表是结构体和指针的一个重要应用。本章介绍的链表是单向链表，每个节点只有一个 next 指针域保存下一个节点的地址。链表中的各节点的内存是动态、按需分配的，这使得数据的存储更加灵活和高效。但是在使用动态内存时需要注意内存泄露等问题，用户动态申请的内存，需要自己调用 free()函数来释放。

共用体也是一种构造的数据类型，和结构体的根本区别在于：共用体的所有成员在内存中从同一地址开始存放数据，共用体变量所占的内存长度是各成员中最长成员的长度。

牛刀小试——练习题

一、填空题

1．用户自定义类型使用的关键字为____________。

2．结构体类型的定义使用关键字____________。结构体类型的变量所占内存字节数为__________________________。

3．有以下说明和定义语句。

```
struct data
{
    int num;
}d,*p;
p=&d;
```

则可以用以下 3 种形式访问结构体成员：

①利用结构体变量与成员运算符相结合，格式为____________________。

②利用结构体指针与成员运算符相结合，格式为____________________。

③利用结构体指针与指向运算符相结合，格式为____________________。

4．共用体类型的定义使用关键字______________。共用体类型变量所占用的内存字节数为__________________________________。

5．为建立如右图所示的存储结构（即每个节点包含数据域 data 和指针域 next），则

```
struct link
```

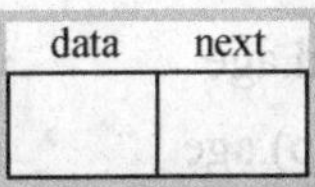


```
{
    char data;
    ________________________;
}node;
```

6．图 9-16 是在链表的 102 节点与 200 节点间插入 120 节点的示意图，q 指针指向 102 节点，p 指针指向 120 节点。实现节点插入操作的关键语句组是____。

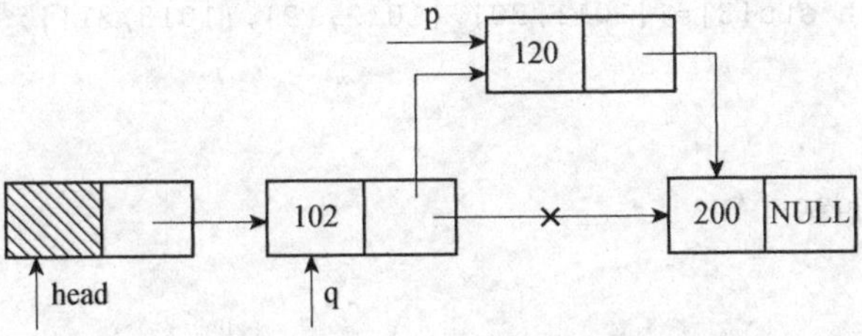

图 9-16　插入节点的示意图

二、选择题

1．若要说明一个类型名 CHARP，使得定义语句“CHARP s;”等价于“char *s;”，以下选项中正确的是（　　）。

A．typedef CHARP char*s;　　B．typedef *char CHARP;

C．typedef CHARP *char;　　D．typedef char* CHARP;

2．在 VC++6.0 下，有如下定义：

```
struct data
{
    int i;
    char ch;
    double f;
}b;
```

则结构体变量 b 占用内存的字节数是（　　）。

A．1　　B．4

C．8　　D．16

3．若有以下说明和语句：

```
struct student
{
    int num,age;
}stu,*p;
p=&stu;
```

则以下对结构体变量 std 中成员 age 的引用方式不正确的是（　　）。

A．std.age B．p->age

C．(*p).age D．*p.age

4．若有以下定义和语句：

```
struct student
{
    int num,age;
};
struct student stu[3]={{1011,20},{1012,19},{1013,21}};
main()
{
    struct student *p;
    p=stu;
    …
}
```

则以下不正确的引用是（　　）。

A．(p++)->age B．p++

C．(*p).age D．p=&stu.num

5．以下程序的输出结果是（　　）。

```
#include <stdio.h>
main()
{
    union
    {
        char i[2];
        int k;
    }r;
    r.i[0]=2;
    r.i[1]=0;
    printf("%d\n",r.k);
}
```

A．2 B．1

C．0 D．不确定

6．若有以下说明和定义：

```
union dt
{
    int a;
    char b;
```

```
    double c;
}data;
```

以下叙述中，错误的是（　　）。

A．data 的每个成员起始地址都相同

B．变量 data 所占的内存字节数与成员 c 所占字节数相等

C．程序段“data.a=5;printf("%f\n",data.c);”的输出结果为 5.000000

D．data 可以作为函数的实参

7．有以下结构体说明和变量的定义，且如下图所示的指针变量 p 指向变量 a，指针变量 q 指向变量 b，则不能把节点 b 连接到节点 a 之后的语句是（　　）。

```
struct node
{
    char data;
    struct node *next
}a,b,*p=&a,*q=&b;
```

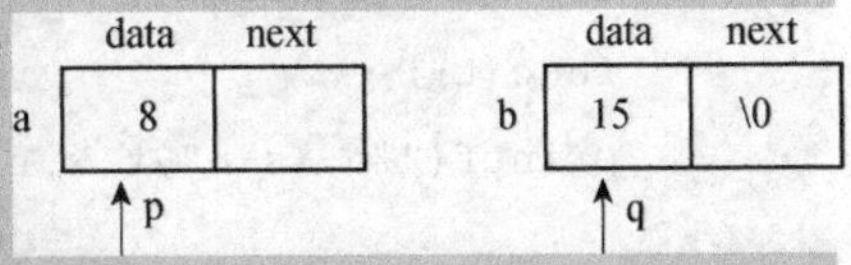

A．a.next=q;　　　　B．p.next=&b;

C．p->next=&b;　　　　D．(*p).next=q;

三、程序分析题

1．下列程序的输出结果是________。

```
#include <stdio.h>
struct abc
{
    int a,b,c;
};
main()
{
    struct abc s[2]={{1,2,3},{4,5,6}};
    int t;
    t=s[0].a+s[1].b;
    printf("%d\n",t);
}
```

2．阅读下列程序，写出运行结果________。

```
#include <stdio.h>
struct tree
{
    int x;
    char *s;
```

```
}t;
void func(struct tree t)
{
    t.x=10;
    t.s="C language";
}
main()
{
    t.x=1;
    t.s="Hello World";
    func(t);
    printf("%d,%s\n",t.x,t.s);
}
```

3．在 VC++6.0 下运行如下程序的结果为____________。

```
#include <stdio.h>
typedef union
{
    long a[2];
    int b;
    char c[8];
}TY;
TY our;
main()
{
    printf("%d\n",sizeof(our));
}
```

4．以下函数 create 用来建立一个带头节点的单向链表，新产生的节点总是插在链表的末尾。单向链表的头指针作为函数的返回值。请在划线位置填上正确的语句。

```
#include <stdio.h>
#include <stdlib.h>
struct list
{
    char data;
    struct list *next;
};
struct list * create()
{
```

```
    struct list *h,*p,*q;
    char ch;
    h=(struct list*)malloc(sizeof(struct list));
    ____________________;
    ch=getchar();
    while(ch!='?')
    {
        p=(struct list*)malloc(sizeof(struct list));
        p->data=ch;
        ________________________;
        q=p;
        ch=getchar();
    }
    p->next='\0';
    __________________;
}
```

四、编写程序

设有如下结构体类型的定义，请编写程序把10名学生的学号、姓名、四项成绩及平均分放在一个结构体数组中。学生的学号、姓名和四项成绩由键盘输入，然后计算平均分放在结构体对应的成员中，最后输出10名学生的详细信息。

```
struct stud
{
    char num[8],name[10];
    int s[4];
    double ave;
};
```

第 10 章　我想有个家
——文件

引　入

应用程序启动后，操作系统会为其分配足够的内存空间，用来存储那些变量和常量中的数据，但是一旦程序终止，操作系统为该程序所分配的内存都将被回收以便重新分配，所有数据自然都会被丢失。那么我们能不能为这些流浪在内存中的数据找一个“家”，一个能让它们安全、稳定、持久的存储的“家”呢？答案是可以的，这个“家”就是文件。

C 语言具备很强的文件操作能力，利用它提供的系统函数，可以轻松地实现文件的创建、删除、打开和关闭，也可以很方便地对文件内容进行读取、追加、插入和删除。

本章主要知识点

◎ C 语言文件概述。

◎ C 语言文件的打开和关闭。

◎ 文本文件的读写。

◎ 二进制文件的读写。

◎ 文件的定位和随机访问。

本章难点

◎ 文本文件的读写。

◎ 二进制文件的读写。

10.1　文件概述

文件概述

所谓计算机文件，是存储在某种长期储存设备上的数据集合。这些“长期储存设备”能够长期保存数据，不会因为断电而消失，比如磁盘、U 盘、光盘等。

每个文件都应当有一个唯一文件标识，被称为文件名。操作系统就是根据文件名对各种文件进行存取及相关处理的。一般来讲，完整的文件名会包括三个部分，分别是文件路径、主文件名和文件扩展名。

例如：d:\cproject\temp\student_data.txt。

其中：

“d:\cproject\temp\”是文件的路径，表示文件在磁盘中的存储位置。

“student_data”是主文件名，也被称为文件名主干，它的命名一般需要兼顾操作系统和程序语言的命名规则。

“.txt”表示文件扩展名，也称为后缀名，用来表示文件的性质，这里的“txt”表示这是一个文本文件。扩展名常见为三个字符，但是并不是必需的，这个主要是由操作系统的命名规则来决定的。比较常见的扩展名有“.exe”（Windows 中的可执行文件）、“.doc”（微软 Office 的 Word 文件）、“.ppt”（微软 Office 系列中的 PowerPoint 文件）、“.jpg”（最常见的图形文件之一）等。

这里有一个误区需要特别解释一下，人们常说的文件名往往单纯地指主文件名，但是在 C 语言程序中我们必须使用完整的文件名，也就是需要包含文件路径、主文件名和扩展名。原因很简单，在操作系统中，允许具有相同主文件名的文件存在，前提是它们的路径或者扩展名不同，所以只有完整的文件名称才具有唯一性，才能保证程序顺利地访问文件、读写数据。

文件一般被存储于外部设备，要保证程序中数据不丢失，就必须将数据从内存写入文件；反之，程序想要访问文件中的数据也需要先将其读入内存。我们将数据在文件和内存之间传递的过程叫作文件流（见图 10-11），这很像水流在两个容器之间来回流动。数据从文件流向内存的过程叫作输入流，从内存流向文件的过程叫作输出流。

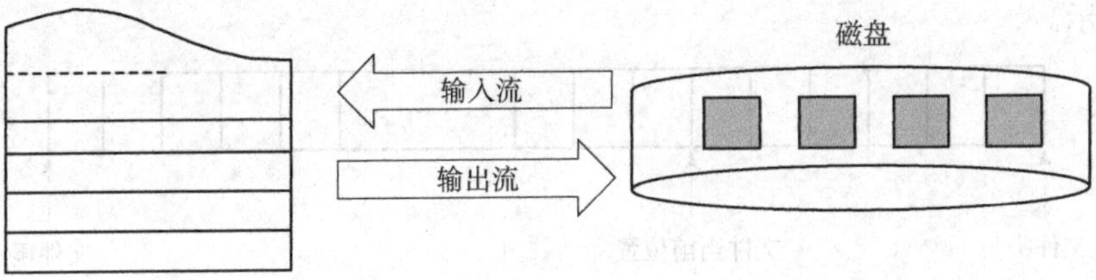

图 10-1　数据流

由于文件存储在外部存储设备上，数据读写速度相对较慢，为了提高读写效率，ANSI C 标准采用“缓冲文件系统”处理文件。所谓的“缓冲文件系统”就是指系统自动地在内存中为文件输入或输出开辟缓冲区，当需要向外部存储设备中的文件输出数据时，系统首先将数据送到为该文件开辟的缓冲区中，当缓冲区被填满时，就把缓冲区中的内容一次性输出到对应的文件中。当需要从外存储器中的文件读入数据进行处理时，首先将从输入文件中输入一批数据放入到该文件的内存缓冲区中，输入语句即将从该缓冲区中依次读取数据；当该缓冲区的数据被读完时，再从输入文件中输入一批数据到缓冲区。

☆直通在线课

"文件概述"这部分内容在在线课中给大家提供了丰富多样的学习资料。

10.2　文件的打开与关闭

文件的打开与关闭

文件的访问一般分为三步：打开文件、读写文件、关闭文件。

10.2.1　文件的打开

C语言中，可以利用文件类型指针，结合输入/输出函数库中提供的函数来实现对文件的操作。那么，怎样定义文件类型的指针呢？

定义文件类型指针的一般格式：FILE　*指针变量名;

例如：FILE　*fp;

请注意，FILE必须大写，*表示其后定义的变量为指针类型变量。

FILE其实是一个结构体类型，是由系统声明的专门用来表示文件类型的，简称文件类型，它被声明在头文件stdio.h中。该结构体中含有文件名、文件状态和文件当前位置等信息（详细声明大家可以参看C语言文档，或者直接打开stdio.h文件查看）。文件一旦被打开，指针会指向文件头，每读取一个字节，指针会后移一个字节，读取10个字节则后移10个字节，以此类推，当最后一个字节被读取后，指针会指向文件结尾，此时指针已经不能继续后移，读取操作必须结束。可以说，读取文件的过程也是移动指针的过程，每一次读取都必须是从指针指向的位置开始的。文件读取过程的示意图如图10-2所示。

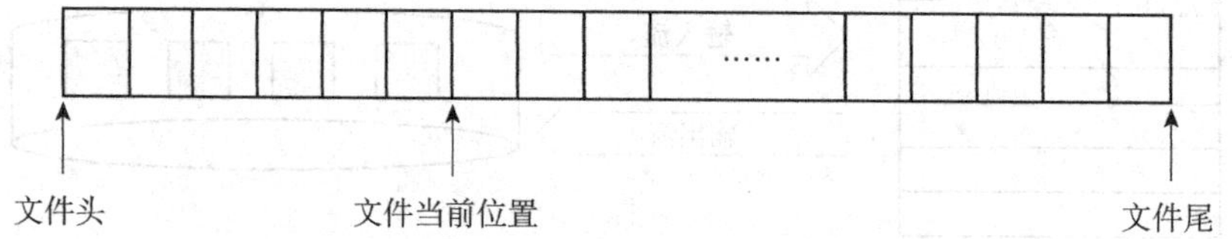

图10-2　文件读取过程

C语言中一般使用系统函数fopen来打开文件，成功后它会返回FILE类型指针。fopen的函数被声明在头文件stdio.h中，格式如下：

```
FILE *fopen( const char *fname, const char *mode );
```

第一个参数fname是需要被打开的文件的完整路径。

第二个参数mode是用来指定文件打开的模式，主要是读写权限和读写方式，具体取值见表10-1。

表 10-1 读写权限和读写方式的取值

打开方式	说明
控制读写权限的字符串（必须指明）	
"r"	以“只读”方式打开文件。只允许读取，不允许写入。文件必须存在，否则打开失败
"w"	以“写入”方式打开文件。如果文件不存在，那么创建一个新文件；如果文件存在，那么清空文件内容（相当于删除原文件，再创建一个新文件）
"a"	以“追加”方式打开文件。如果文件不存在，那么创建一个新文件；如果文件存在，那么将写入的数据追加到文件的末尾（文件原有的内容保留）
"r+"	以“读写”方式打开文件。既可以读取也可以写入，也就是随意更新文件。文件必须存在，否则打开失败
"w+"	以“写入/更新”方式打开文件，相当于 w 和 r+叠加的效果。既可以读取也可以写入，也就是随意更新文件。如果文件不存在，那么创建一个新文件；如果文件存在，那么清空文件内容（相当于删除原文件，再创建一个新文件）
"a+"	以“追加/更新”方式打开文件，相当于 a 和 r+叠加的效果。既可以读取也可以写入，也就是随意更新文件。如果文件不存在，那么创建一个新文件；如果文件存在，那么将写入的数据追加到文件的末尾（文件原有的内容保留）
控制读写方式的字符串（可以不写）	
打开方式	说明
"t"	文本文件。如果不写，默认为"t"
"b"	二进制文件

调用 fopen()函数必须指明读写权限，但读写方式是可选的，默认值为“t”。读写权限和读写方式可以组合使用，但是必须将读写方式放在读写权限的中间或者尾部。例如：

将读写方式放在读写权限的末尾："rb"、"wt"、"ab"、"r+b"、"w+t"、"a+t"。

将读写方式放在读写权限的中间："rb+"、"wt+"、"ab+"。

请阅读下面程序片段。

```
FILE *fp = NULL;
fp = fopen("d:\\demo.txt","rt");
if (fp == NULL){
        printf("打开文件失败!\n");
}
```

这段程序首先声明了一个文件指针 fp，初始为 NULL，然后调用了系统函数 fopen 尝试以只读的方式打开存放于 D 盘根目录下的文本文件“demo.txt”。如果成功打开，fopen 会将文件头的地址存放于 fp 中，此时 fp 不会为 NULL；如果失败，则返回一个 NULL，并且将其存入 fp 中。我们一般通过判断 fp 是否为 NULL 来确定文件是否已经成功被打开。

10.2.2 文件的关闭

文件访问需要打开文件也需要有关闭操作。文件的写入操作其实都是针对文件缓冲区的，所以写入的内容并没有立即更新到外部存储设备上。关闭文件的意义在于将缓冲区中的数据存储到外部存储设备中，然后释放该缓冲区，所以它并不是一个可有可无的操作，忘记关闭文件有可能导致数据丢失。

关闭操作可以使用系统函数 fclose 实现，格式如下：

```
int fclose( FILE  *fp);
```

关闭操作如果成功，会返回 0，否则返回文件结束标志 EOF（EOF 是 end of file 的缩写，C 语言的文件结束标志，一般值为-1）。

> ☆直通在线课
>
> "文件的打开与关闭"这部分内容在在线课中给大家提供了丰富多样的学习资料。

10.3 文件的读写操作

文件的读写操作

借助于 C 语言中强大的系统函数，可以轻松地实现各种文件的读写操作。常见的文件读写有两种方式，分别为以字符形式读写的文本文件和以字节形式读写的二进制文件。本节将为大家分别展示这两种不同文件的操作。

10.3.1 文本文件的读写

文本文件一般都是以字符流的形式进行读写的，C 语言既可以实现逐个字符的读写操作，也可以实现逐行的读写。

以字符为单位实现文件的读写操作需要使用到系统函数 fputc 和 fgetc。它们也都是声明在 stdio.h 中的，其格式如下：

```
int fgetc( FILE *fp );
```

从指定的流中获取下一个字符（一个无符号字符），并把位置标识符往前移动。fp 为 FILE 类型指针，它标识了读取字符的文件流。如果读取到文件尾，也就是 fp 指针指向了文件结束位置，fgetc 返回文件结束标志 EOF。通常都是一边读取，一边判断是否已经到达结尾，如果到达，必须立即停止读取操作。

```
int fputc( int ch , FILE  *fp);
```

向文件指针 fp 指向的位置写入一个无符号字符"ch"，"ch"是要被写入的字符。该字符以其对应的 int 值进行传递。如果写入成功没有发生错误，则返回被写入的字符，否则返回 EOF，并设置错误标识符。

例题 10-1：将指定字符串写入文本文件"demo.txt"，然后重新打开该文件，将文件内容读出并且打印到屏幕上。

编程思想：首先以只写方式打开文件，将指定字符串逐字符地依次写入文件；读取文件以只读方式打开，并且从文件头开始逐字符地依次读出，同时进行屏幕打印。

程序如下：

```
#include <stdio.h>

int main()
{
    /* ---写入文件--- */
    char data[] = "Hello World!";

    FILE *fp;
    fp = fopen("d:\\demo.txt","w"); /*以只写的方式打开文件，如果不存在则创建*/

    int i = 0;
    while(data[i] != '\0'){
        fputc(data[i], fp);  /*将字符 data[i]写入文件*/
        i++;
    }

    fclose(fp);  /*关闭文件*/

    /* ---读取文件--- */
    fp = fopen("D:\\demo.txt","r");  /*以只读方式打开文件*/
    if (fp == NULL){
        printf("打开文件失败!\n");
        return 0;      /*文件打开不成功，无须继续操作，提前结束 */
    }

    char ch;
    while((ch = fgetc(fp)) != EOF){
        printf("%c",ch);    /*从文件当前位置读取一个字符，存入变量 ch*/
    }

    fclose(fp);

    return 0;
}
```

运行结果如图 10-3 所示。

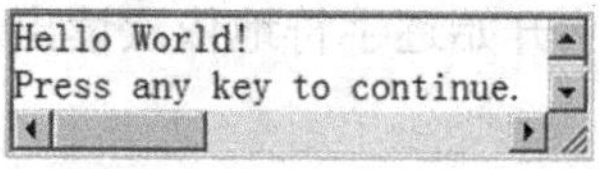
Hello World!
Press any key to continue.

图 10-3　例题 10-1 程序运行结果

第 9 行代码中，以只写的方式打开文件，并且将文件指针保存到 FILE 类型指针变量 fp 中。

第 12～14 行的 while 循环中，将字符数组中保存的字符串的有效字符依次写入文件中。

第 17 行，关闭文件，保证缓冲区数据成功存入文件。

第 20 行代码中，以只读方式打开文件。

第 21～24 行的 if 语句主要进行的是一个简单的容错处理，它针对的是文件打开失败的情况。如果没有成功打开文件，自然不能继续后面的读取操作，所以在打印提示后提前结束程序。

第 27～29 行的 while 语句是从已打开的文件中逐字符读取数据的，同时将读取的字符进行屏幕打印。

第 31 行，读取完毕，关闭文件。

有时候，我们需要以行为单位读写文本文件，可以使用系统函数 fgets 和 fputs。

```
char *fgets(char *str, int n, FILE *fp)
```

从指定的流 fp 读取一行，并把它存储在 str 所指向的字符串内。当读取 (n−1) 个字符时，或者读取到换行符时，或者到达文件末尾时，它会停止，具体视情况而定。

```
int fputs(const char *str, FILE *fp)
```

把字符串写入到指定的流 fp 中，但不包括空字符。

例题 10-2：将指定 3 个字符串写入文本文件“demo.txt”，然后重新打开该文件，将文件内容读出并且打印到屏幕上。

编程思想：首先以只写方式打开文件，将指定字符串依次写入文件，每一次写入一个字符串；读取文件以只读方式打开，并且从文件头开始依次读出，同时进行屏幕打印，每一次读取一行。

程序如下：

```
#include <stdio.h>

int main()
{
    /* ---写入文件--- */
    char *data[3] = {"C Program\n\r", "Java\n\r", "Android\n\r"};

    FILE *fp;
```

```
9        fp = fopen("demo.txt","w");
10
11       int i = 0;
12       for(i=0; i<3; i++){
13           fputs(data[i], fp); /* 将字符串 data[i]中的数据写入文件 */
14       }
15
16       fclose(fp);
17
18       /* ---读取文件--- */
19       fp = fopen("D:\\demo.txt","r");
20       if (fp == NULL){
21           printf("打开文件失败!\n");
22                return 0;
23       }
24
25       char s[32];
26       while (fgets(s, 32, fp) != NULL ){ /* 读取一行数据，存入缓冲区 s 中 */
27           printf("%s", s);
28       }
29
30       fclose(fp);
31
32       return 0;
33   }
```

运行结果如图 10-4 所示。

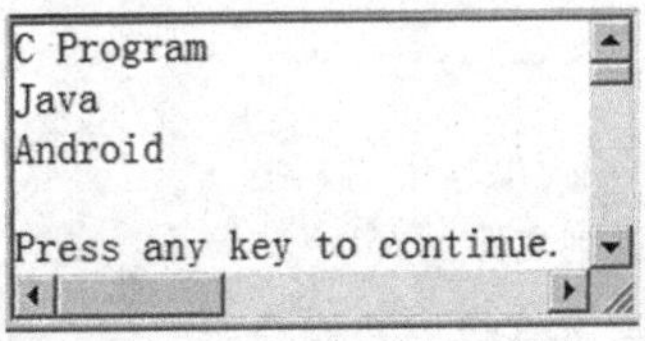
C Program
Java
Android
Press any key to continue.

图 10-4　例题 10-2 程序运行结果

第 6 行代码中，字符串常量后面添加的“\n\r”是为了保证数据写入文件后形成换行。

第 12～14 行的循环中，将数组中存储的三个字符串依次写入了文件。

第 26～28 的循环中，每次读取文件中的一行内容并且存入字符数组 s 中，32 是 s 的长度，但实际每次读取的字符个数是由文件中 fp 指向的当前行的字符个数决定的。声明 s 的时候必须保证数组长度足够长，否则读取过程中可能会丢失数据。

10.3.2 二进制文件的读写

二进制文件的读写其实并不复杂，主要涉及两个系统函数，分别是 fread 和 fwrite。fread 的功能是将二进制文件中的指定数据读取到缓冲区中，而 fwrite 则相反，将缓冲区中的数据写入二进制文件。它们的声明比较相似，一般格式如下：

```
size_t fread(void *buf, size_t size, size_t count, FILE *fp);
size_t fwrite(const void * buf, size_t size, size_t count, FILE *fp);
```

这两个函数都拥有 4 个参数，分别是 buf、size、count 和 fp。需要特别说明一下的是其中两个参数（size、count）和返回值使用的都是 size_t 类型。size_t 是一些 C 标准在 stddef.h 中定义的。这个类型用来表示对象的大小。这里我们不再赘述，感兴趣的读者可以去查阅相关资料或者文档。

fread、fwrite 的参数说明如下：

buf：buffer 是一个指向用于保存数据的内存位置的指针。如果使用的是 fread，则从文件读入的数据会被保存到 buf；如果使用的是 fwrite，则需要把将要被写入文件的数据提前放置到 buf 中。

size：指数据块中包含的元素（数据项）的大小，或者说每个元素占用的字节个数，通常使用 sizeof()得到。

count：数据块中包含的元素的个数，每个元素占用 size 个字节。

fp：这是个文件指针，指向了文件操作的输入流或者输出流。

返回值：正常返回实际读取数据项的个数，如果遇到文件结束或发生了错误，返回 0 值。

例题 10-3：编写代码，实现整型数据和浮点数据的文件读写操作。

编程思想：写入的数据不是字符类型，所以不能用文本文件，需要使用二进制文件。因此，使用 fwrite 完成写入，fread 实现读取。

程序如下：

```
#include <stdio.h>

int main( )
{
    /* 将数据写入二进制文件 */
    int intValue = 123;
    float floatValue = 2.5;

    FILE *fp = NULL;
    fp = fopen("binary_file.dat", "wb");
    if(fp == NULL){
        printf("打开文件失败！");
        return 0;
```

```
14    }
15
16        /* 将整型数据 intValue 和 floatValue 写入文件 */
17        fwrite(&intValue, sizeof(int), 1, fp);
18        fwrite(&floatValue, sizeof(float), 1, fp);
19
20        fclose(fp);
21
22        /* 从二进制文件文件中读取数据 */
23        fp = fopen("binary_file.dat", "rb");
24        if (fp == NULL){
25            printf("打开文件失败！");
26            return 0;
27        }
28
29        int value1 = 0;
30        float value2 = 0.0;
31
32        fread(&value1, sizeof(int), 1, fp);  /* 读取一个整型数值存入 value1 */
33        fread(&value2, sizeof(float),1, fp); /* 读取一个浮点数值存入 value2 */
34        fclose(fp);
35
36        printf("文件读取结果：value1 = %d  value2 = %g\n", value1, value2);
37
38            return 0;
39    }
```

程序运行结果如图 10-5 所示。

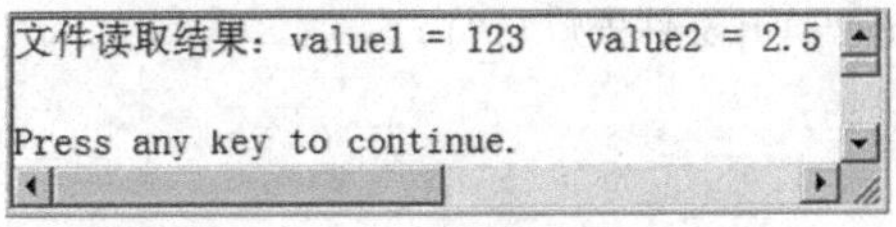
文件读取结果：value1 = 123   value2 = 2.5
Press any key to continue.

图 10-5　例题 10-3 程序运行结果

程序中创建二进制文件“binary_file.dat”，写入两个数值，然后又重新读取，运行结果显示读取的数值和写入的数值相同。

第 10 行代码中，fopen 的文件开启模式参数为“wb”，表示以“写二进制文件”的模式打开文件“binary_file.dat”。

程序中第 17、18 行使用了 fwrite 分别将整型数值 intValue 和浮点数值 floatValue 先后写入了文件。

第 23 行中，又以“读二进制文件”的模式重新开启“binary_file.dat”。

第 32 行中读取整型数值存入 int 变量 value1。

第 33 行读取浮点数值存入 float 变量 value2。

10.3.3 文件定位与随机读写

C 语言中并不是只能按从前到后的顺序读取文件内容的。使用系统函数 fseek，可以使文件指针灵活地前后移动。fseek 声明的一般格式如下：

```
int fseek(FILE *fp, long int offset, int whence);
```

将文件指针从指定位置开始向前或向后移动指定的字节数。其中三个参数的意义分别介绍如下。

fp：这是指向 FILE 对象的指针。

offset：这是相对 whence 的偏移量，以字节为单位。如果为正值，则指针向后移动；如果为负值，则指针向前移动。

whence：这是表示开始添加偏移 offset 的位置。它一般指定为下列常量之一：SEEK_SET（表示文件开头，值为 0）、SEEK_CUR（表示文件指针的当前位置，值为 1）、SEEK_END（标识文件末尾，值为 2）。

例题 10-4： 编写代码，实现二进制文件中移动文件指针，读取指定数据。

编程思想：将数组中的整型数据依次写入二进制文件“rand_file.dat”，使用 fseek 将指针直接移至第 6 个元素，读取并且打印。

程序如下：

```
#include <stdio.h>

int main( )
{
     /* 创建二进制文件，向其中写入 10 个整型数值 */
     FILE *fp = NULL;
     if((fp = fopen("rand_file.dat", "wb")) == NULL){
        printf("打开文件失败！");
        return 0;
     }

    int n[10] = {0,1,2,3,4,5,6,7,8,9};
    int i;
    for(i=0; i<10; i++){
       fwrite((n+i), sizeof(int), 10, fp);
    }
    fclose(fp);
```

```
18
19        if((fp = fopen("rand_file.dat", "rb")) == NULL){
20            printf("打开文件失败！");
21            return 0;
22        }
23
24        /* 从文件头开始偏移 5 个元素，使文件指针指向第 6 个元素*/
25        fseek(fp, sizeof(int)*5, SEEK_SET);
26        int currentValue;
27        fread(&currentValue, sizeof(int), 1, fp); /* 从当前位置读取一个整型数值 */
28        printf("currentValue= %d\n", currentValue);
29
30        fclose(fp);
31
32        return 0;
33    }
```

运行结果如图 10-6 所示。

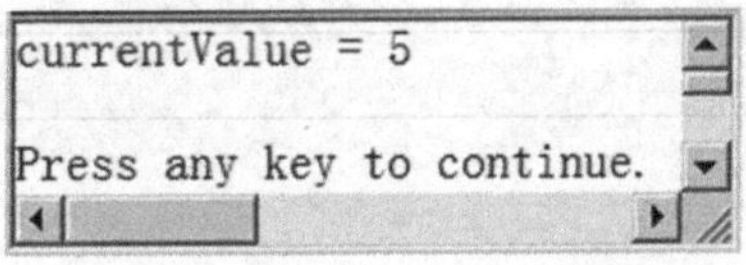
currentValue = 5
Press any key to continue.

图 10-6　例题 10-4 程序运行结果

程序中首先以“写二进制文件”的模式打开了一个二进制文件“rand_file.dat”，将数组 n 中的 10 个整型值依次写入。

第 19 行中将文件以读取方式打开。此时文件指针指向文件头。

第 25 行中，调用函数 fseek。将指针从文件头开始向后移动了 5 个整型元素，此时指针应该正好指向第 6 个整型值。

第 27 行中，fread 读取当前数值，存入 currentValue 中。

第 28 行，将 currentValue 屏幕输出，运行结果显示数值为 5，正是数组中第 6 个数值。

☆直通在线课

“文件的读写操作”这部分内容在在线课中给大家提供了丰富多样的学习资料。

10.4 在线课程学习

一、学习收获及存在的问题

本章学习收获：

存在的问题：

二、“课堂讨论”问题与收获

“课堂讨论”问题：

“课堂讨论”收获：

三、“老师答疑”问题与收获

“老师答疑”问题：

“老师答疑”收获：

四、“综合讨论”问题与收获

“综合讨论”问题：

"综合讨论"收获：

五、"测验与作业"收获与存在的问题

"测验与作业"收获：

"测试与作业"存在的问题：

我们学到了什么

本章主要介绍了C语言中关于文件的一些基本概念，介绍了缓存文件系统的工作原理；介绍了文件的打开和关闭操作，尤其是打开文件时不同打开模式的设定；重点讲解了文本文件、二进制文件的读写操作，这部分是本章的重点，需要灵活地掌握不同情况下使用正确的读写函数完成需求。

C语言的文件操作是比较强大的，因为它提供了非常丰富的系统函数，本章只是介绍了几个最常用的函数，想要更深入地理解和掌握C语言的函数操作，建议大家去查阅一下函数文档和相关资料。

牛刀小试——练习题

一、选择题

1．若执行fopen函数时发生错误，则函数的返回值是（　　）。

A．地址值　　B．0

C．1　　D．EOF

2．若要用fopen函数打开一个新的二进制文件，该文件要既能读又能写，则文件打

开方式字符串应是（　　）。

A．"ab+"　　B．"wb+"

C．"rb+"　　D．"ab"

3．fgetc 函数的作用是从指定文件读入一个字符，该文件的打开方式必须是（　　）。

A．只写　　B．追加

C．读或读写　　D．答案 B 和 C 都正确

4．函数调用语句“fseek(fp, -20, 2);”的含义是（　　）。

A．将文件位置指针移到距离文件头 20 个字节处

B．将文件位置指针从当前位置向后移动 20 个字节

C．将文件位置指针从文件末尾处后退 20 个字节

D．将文件位置指针移到离当前位置 20 个字节处

二、编写程序

1．编写程序，将九九乘法表按照正三角形状写入一个文本文件 result.txt。

2．编写程序，尝试将一张图片 a.jpg 复制为 b.jpg，完成后查看图片是否复制成功。

3．编写程序

（1）将下面文字符串写入文件 c.txt：

C programming is a general-purpose,procedural,imperative computer programming language developed in 1972 by Dennis M.Ritchie at the Bell Telephone Laboratories to develop the UNIX operating system.

（2）读取 c.txt，统计文件中单词个数。

附录 A　ASCII 表

Bin （二进制）	Oct （八进制）	Dec （十进制）	Hex （十六进制）	缩写/字符	解释
0000 0000	00	0	0x00	NUL(null)	空字符
0000 0001	01	1	0x01	SOH(start of headline)	标题开始
0000 0010	02	2	0x02	STX (start of text)	正文开始
0000 0011	03	3	0x03	ETX (end of text)	正文结束
0000 0100	04	4	0x04	EOT (end of transmission)	传输结束
0000 0101	05	5	0x05	ENQ (enquiry)	请求
0000 0110	06	6	0x06	ACK(acknowledge)	收到通知
0000 0111	07	7	0x07	BEL (bell)	响铃
0000 1000	010	8	0x08	BS(backspace)	退格
0000 1001	011	9	0x09	HT(horizontal tab)	水平制表符
0000 1010	012	10	0x0A	LF(NL line feed, new line)	换行键
0000 1011	013	11	0x0B	VT (vertical tab)	垂直制表符
0000 1100	014	12	0x0C	FF(NP form feed, new page)	换页键
0000 1101	015	13	0x0D	CR (carriage return)	回车键
0000 1110	016	14	0x0E	SO (shift out)	不用切换
0000 1111	017	15	0x0F	SI (shift in)	启用切换
0001 0000	020	16	0x10	DLE (data link escape)	数据链路转义
0001 0001	021	17	0x11	DC1 (device control 1)	设备控制 1
0001 0010	022	18	0x12	DC2 (device control 2)	设备控制 2
0001 0011	023	19	0x13	DC3 (device control 3)	设备控制 3
0001 0100	024	20	0x14	DC4 (device control 4)	设备控制 4

（续表）

Bin（二进制）	Oct（八进制）	Dec（十进制）	Hex（十六进制）	缩写/字符	解释
0001 0101	025	21	0x15	NAK (negative acknowledge)	拒绝接收
0001 0110	026	22	0x16	SYN (synchronous idle)	同步空闲
0001 0111	027	23	0x17	ETB (end of trans. block)	结束传输块
0001 1000	030	24	0x18	CAN (cancel)	取消
0001 1001	031	25	0x19	EM (end of medium)	媒介结束
0001 1010	032	26	0x1A	SUB (substitute)	代替
0001 1011	033	27	0x1B	ESC (escape)	换码（溢出）
0001 1100	034	28	0x1C	FS (file separator)	文件分隔符
0001 1101	035	29	0x1D	GS (group separator)	分组符
0001 1110	036	30	0x1E	RS (record separator)	记录分隔符
0001 1111	037	31	0x1F	US (unit separator)	单元分隔符
0010 0000	040	32	0x20	(space)	空格
0010 0001	041	33	0x21	!	叹号
0010 0010	042	34	0x22	"	双引号
0010 0011	043	35	0x23	#	井号
0010 0100	044	36	0x24	$	美元符
0010 0101	045	37	0x25	%	百分号
0010 0110	046	38	0x26	&	和号
0010 0111	047	39	0x27	'	闭单引号
0010 1000	050	40	0x28	(	开括号
0010 1001	051	41	0x29	)	闭括号
0010 1010	052	42	0x2A	*	星号
0010 1011	053	43	0x2B	+	加号
0010 1100	054	44	0x2C	,	逗号
0010 1101	055	45	0x2D	-	减号/破折号
0010 1110	056	46	0x2E	.	句号
0010 1111	057	47	0x2F	/	斜杠

（续表）

Bin（二进制）	Oct（八进制）	Dec（十进制）	Hex（十六进制）	缩写/字符	解释
0011 0000	060	48	0x30	0	字符 0
0011 0001	061	49	0x31	1	字符 1
0011 0010	062	50	0x32	2	字符 2
0011 0011	063	51	0x33	3	字符 3
0011 0100	064	52	0x34	4	字符 4
0011 0101	065	53	0x35	5	字符 5
0011 0110	066	54	0x36	6	字符 6
0011 0111	067	55	0x37	7	字符 7
0011 1000	070	56	0x38	8	字符 8
0011 1001	071	57	0x39	9	字符 9
0011 1010	072	58	0x3A	:	冒号
0011 1011	073	59	0x3B	;	分号
0011 1100	074	60	0x3C	<	小于
0011 1101	075	61	0x3D	=	等号
0011 1110	076	62	0x3E	>	大于
0011 1111	077	63	0x3F	?	问号
0100 0000	0100	64	0x40	@	电子邮件符号
0100 0001	0101	65	0x41	A	大写字母 A
0100 0010	0102	66	0x42	B	大写字母 B
0100 0011	0103	67	0x43	C	大写字母 C
0100 0100	0104	68	0x44	D	大写字母 D
0100 0101	0105	69	0x45	E	大写字母 E
0100 0110	0106	70	0x46	F	大写字母 F
0100 0111	0107	71	0x47	G	大写字母 G
0100 1000	0110	72	0x48	H	大写字母 H
0100 1001	0111	73	0x49	I	大写字母 I
01001010	0112	74	0x4A	J	大写字母 J

（续表）

Bin （二进制）	Oct （八进制）	Dec （十进制）	Hex （十六进制）	缩写/字符	解释
0100 1011	0113	75	0x4B	K	大写字母 K
0100 1100	0114	76	0x4C	L	大写字母 L
0100 1101	0115	77	0x4D	M	大写字母 M
0100 1110	0116	78	0x4E	N	大写字母 N
0100 1111	0117	79	0x4F	O	大写字母 O
0101 0000	0120	80	0x50	P	大写字母 P
0101 0001	0121	81	0x51	Q	大写字母 Q
0101 0010	0122	82	0x52	R	大写字母 R
0101 0011	0123	83	0x53	S	大写字母 S
0101 0100	0124	84	0x54	T	大写字母 T
0101 0101	0125	85	0x55	U	大写字母 U
0101 0110	0126	86	0x56	V	大写字母 V
0101 0111	0127	87	0x57	W	大写字母 W
0101 1000	0130	88	0x58	X	大写字母 X
0101 1001	0131	89	0x59	Y	大写字母 Y
0101 1010	0132	90	0x5A	Z	大写字母 Z
0101 1011	0133	91	0x5B	[	开方括号
0101 1100	0134	92	0x5C	\	反斜杠
0101 1101	0135	93	0x5D	]	闭方括号
0101 1110	0136	94	0x5E	^	脱字符
0101 1111	0137	95	0x5F	_	下划线
0110 0000	0140	96	0x60	`	开单引号
0110 0001	0141	97	0x61	a	小写字母 a
0110 0010	0142	98	0x62	b	小写字母 b
0110 0011	0143	99	0x63	c	小写字母 c
0110 0100	0144	100	0x64	d	小写字母 d
0110 0101	0145	101	0x65	e	小写字母 e

（续表）

Bin（二进制）	Oct（八进制）	Dec（十进制）	Hex（十六进制）	缩写/字符	解释
0110 0110	0146	102	0x66	f	小写字母 f
0110 0111	0147	103	0x67	g	小写字母 g
0110 1000	0150	104	0x68	h	小写字母 h
0110 1001	0151	105	0x69	i	小写字母 i
0110 1010	0152	106	0x6A	j	小写字母 j
0110 1011	0153	107	0x6B	k	小写字母 k
0110 1100	0154	108	0x6C	l	小写字母 l
0110 1101	0155	109	0x6D	m	小写字母 m
0110 1110	0156	110	0x6E	n	小写字母 n
0110 1111	0157	111	0x6F	o	小写字母 o
0111 0000	0160	112	0x70	p	小写字母 p
0111 0001	0161	113	0x71	q	小写字母 q
0111 0010	0162	114	0x72	r	小写字母 r
0111 0011	0163	115	0x73	s	小写字母 s
0111 0100	0164	116	0x74	t	小写字母 t
0111 0101	0165	117	0x75	u	小写字母 u
0111 0110	0166	118	0x76	v	小写字母 v
0111 0111	0167	119	0x77	w	小写字母 w
0111 1000	0170	120	0x78	x	小写字母 x
0111 1001	0171	121	0x79	y	小写字母 y
0111 1010	0172	122	0x7A	z	小写字母 z
0111 1011	0173	123	0x7B	{	开花括号
0111 1100	0174	124	0x7C	|	垂线
0111 1101	0175	125	0x7D	}	闭花括号
0111 1110	0176	126	0x7E	~	波浪号
0111 1111	0177	127	0x7F	DEL (delete)	删除

附录B　C语言关键字

关键字	意义	关键字	意义
void	声明函数无返回值或无参，声明空类型指针	sizeof	计算所占内存空间大小
char	声明字符型变量	signed	声明有符号类型变量
short	声明短整型变量	unsigned	声明无符号类型变量
int	声明整型变量	struct	声明结构体变量
long	声明长整型变量	union	声明联合类型
float	声明浮点型变量	enum	声明枚举类型变量
double	声明双精度型变量	typedef	给数据类型取别名
auto	声明自动变量，编译器默认缺省类型	const	声明只读-常变量
static	声明静态变量	volatile	说明程序在执行中可被隐含的改变
extern	声明引用变量，即在其他文件中声明	if	条件语句
register	声明寄存器变量	else	条件语句否认分支，与 if 连用
for	一般循环语句	while	循环语句的循环条件
do	循环语句的循环体	goto	无条件跳转语句
break	跳出当前循环	continue	结束当前循环，开始下一轮循环
return	子程序返回语句，可以带参，也可无参	switch	开关语句
case	开关语句分支	default	开关语句中的其他分支

附录 C　C 语言运算符

运算符	功能解释	优先级	结合方式	说明
() [] -> .	括号 数组符 两种结构成员访问符	1	由左向右	
!　~　++　--　+ - & * (类型) sizeof	逻辑非 按位取反 增量 减量 正负符 取址 间接符 类型转换符 求大小	2	由右向左	单目运算符
/ * %	除 乘 取模	3	由左向右	双目运算符
+ -	加 减	4	由左向右	双目运算符
<<　>>	左移 右移	5	由左向右	双目运算符
<　<= >　>=	小于 小于等于 大于 大于等于	6	由左向右	双目运算符
==　!=	等于　不等于	7	由左向右	双目运算符
&	按位与	8	由左向右	双目运算符
^	按位异或	9	由左向右	双目运算符
|	按位或	10	由左向右	双目运算符
&&	逻辑与	11	由左向右	双目运算符
||	逻辑或	12	由左向右	双目运算符
?:	条件检测符	13	由右向左	三目运算符
=　+= -=　/=　*= <<= >>= &= |= ^=	各种赋值符	14	由右向左	
,	逗号运算符	15	由左向右	

参考文献

[1]谭浩强，谭亦峰，金莹. C 语言程序设计教程[M]. 北京：清华大学出版社，2020.

[2]王希更，路谨铭. 全国计算机等级考试无纸化专用教材二级 C 语言[M]. 北京：清华大学出版社，2016.

[3]刘春茂，李琪. C 语言程序设计案例课堂[M]. 北京：清华大学出版社，2018.

[4][美]史蒂芬·普拉达著. C Primer Plus 中文版[M]. 6 版. 姜佑，译. 北京：人民邮电出版社，2016.

[5]孔锐睿，王富强. C 语言程序设计[M]. 2 版. 北京：人民邮电出版社，2020.